U0084749

毛孩的 鮮食小食堂

FURKIDS'S FRESH FOOD CANTEEN

♥

我與毛孩的餐桌鮮食料理

作者序 I

　　2019 年，一位摯友送我一本《Nutrient Requirements of Dogs and Cats》寵物相關書籍，在研讀這本書的過程中，讓我開始對於寵物的營養需求及寵物食品的營養價值有相當大突破，也開啟想撰寫寵物營養的專業書本的衝動，剛好這時候王谷瑋教授來公司拜訪，聊天當下得知王教授是位獸醫師，且在準備出《獸醫院三代史》，於是邀請王教授一同撰寫這本書。

　　本身畢業於屏東科技大學動物科學系碩士及農學院生物研究所博士，碩士期間曾修過動物代謝調節及禽畜營養生理，所以對寵物所需的營養認知跟目前乾飼料所配製的營養比例是可以再討論以及改進的空間。食品安全的風險管理上，本身任職肉品加工廠，需接觸食品風險以及危害的事項，在食品追蹤追溯需清楚記載所使用原料的來源，反之寵物食品的食安管理相對薄弱，沒有一個正確的風險管理及危害管理機制，導致寵物食品食安事件頻傳，也讓主人開始擔心坊間寵物食品的安全性，所以我們該從源頭了解狀況，並思考如何解決。

　　出書過程雖遇到許多不曾想過的事情，但這段撰寫的期間，非常感謝三友圖書的幫助以及王教授的專業知識支援，讓《毛孩的鮮食小食堂：我與毛孩的餐桌鮮食料理》可以從獸醫觀點、加工觀點以及讀者觀點多方面相去切入，讓這本書能更臻致完美，也期望主人給毛孩能在每餐都能「天天飼糧，餐餐幸福」。

現任
食尚好國際企業有限公司
研發副總經理
佳味香食品企業有限公司
副總經理

學歷
國立屏東科技大學
生物資源研究所博士
國立屏東科技大學
動物科學與畜產系碩士

經歷
美和科技大學食品營養系兼任助理教授
國立高雄科技大學水產食品科學系兼任助理教授
國立嘉義大學食品科學系業界講師
上海捷康食品有限公司品研副總

PREFACE

作者序 II

　　犬貓營養學，對我來說是一個全新的領域。在三代獸醫院史寫完之後，本來第二本是動物醫院常見的一百個管理問題。很榮幸黃博士邀請我一起寫這本書。

　　黃博士本身跟我一樣也是家傳第二代，只是他是肉品加工廠第二代。我跟他認識也將近二十年了，從黃博士的父親跟母親開始，也看著黃博士從大學讀到博士班畢業。

　　在離開臨床獸醫師跟屠檢獸醫師的這十七年間，我一直在兩岸三地推廣歐美生產的動物性蛋白質。飼料安全在我進入肉品原料界後，遇到到幾次大問題，2004 年的黃麴毒素，2007 年三聚氰胺，2009 年台灣飼料代工廠等等嚴重的寵物飼料安全問題。

　　這些成因要從原料取得、食品加工，以及後端的行銷操作開始思考。為什麼現有的寵物飼料市占率、毛小孩爸媽選擇，以及獸醫師推薦處方飼料的整個架構是如何而來的？目前寵物飼料標準其實是由經濟動物顧問團隊主導，而不是以人的食品安全法規當作寵物飼料的一個更高標準。

　　黃博士願意用他的食品加工背景，分享這本書的讀者從食譜開始切入，幫助毛小孩能吃到適合犬貓的食物。

　　這本書我從寵物營養，疾病與保健開始，再帶入一些食品原料追蹤源頭，以及食品加工安全的概念，希望能給毛小孩跟畜主們一個不同的食物選擇的開始。

現任　美國動物蛋白質公司大中華區銷售經理

經歷　專技高考獸醫師
　　　全民高生獸醫院住院獸醫師，急診獸醫師
　　　財團法人中央畜產會屠宰衛生檢查獸醫師
　　　（大陸）全國執業獸醫資格考試執業獸醫師合格

學歷　國立台灣大學獸醫學系

（大陸）全國執業獸醫資格考試助理執業獸醫師合格
亞洲大學醫學暨健康學院學士後獸醫學系兼任副教授級專業技術人員

PREFACE

推薦序 I

十多年來,身為犬貓飼主的我,對於他們生活中的營養到位、飲食完整、健康活力,是我一直追求的目標,於是在飲食上我總是特別挑選,再加上本身在醫療保健領域工作的關係,對營養攝取方面,更是精挑細選。

寵物食品,以往常發生一些因儲存不當或包裝不良導致食品腐敗,甚至把不能添加的物質放入寵物食品,讓毛孩在長期食用下產生慢性的疾病,然而有害物質的身體累積,最終造成不可逆的疾病;近幾年來,飼主們紛紛投入自製寵物鮮食來照護自家毛孩,讓毛孩吃得健康營養,所以寵物鮮食的料理就更需要專業營養角度來審視,才能讓毛孩們得到正確的飲食攝取。

本書由動物科學暨食品科學博士親自設計的寵物食譜,一開始先讓大家從犬貓的身體結構再到口腔及消化系統來詳細介紹,讓讀者能一目瞭然,理解犬貓的飲食習慣與攝取的營養不同之處,再由上述基礎設計出適合犬貓不同食譜,整本書有 60 道食譜,每天換一樣,連續 2 個月也都不會重覆。以往寵物食譜書或許只針對料理方式及烹煮說明,但這本食譜書卻是以犬貓生理的營養需求先介紹,再帶入專業的食譜,這對於現今的寵物照護,能使飼主們更了解自家毛孩的營養需求。

真心推薦給每一位飼主們,為了毛孩的健康及攝取完整的營養,這本由黃博士所分享的動物鮮食工具書,值得您放在身邊隨時閱讀。

雪橇犬麥可噗優和緬因喵銀喵大力推薦
麥噗喬麻麻

游羽砇

推薦序 II

　　會與英哲認識，是在 2018 年寵物展上，飼糧倉和臭味滾同為寵物展參展商，當時攤位就在正對面。第一次看到飼糧倉時，覺得這家東西也太多了吧！他們研發要有多大本事呀，居然一次開發出這麼多商品；然在閒聊過程中，才得知他是本科系出身，所以研發相對簡單，但更認識後才知道，這個年紀輕輕的氣質書生居然已動物科學暨食品科學的博士！真是太讓我驚訝了！但更讓我驚訝的是，我沒想到他會出書，而且突然之間就寫完了。

　　初看內容時，想這段期間與英哲請教諸多問題，例：貓咪為什麼要補充那麼多營養素？不能吃生食嗎？份量這麼少他們會飽嗎？等等的問題，他總是不失學理且有條理的方式表達，有時也會隨手拿紙筆直接畫給我看，打破我對學者只會講文言文既定印象。英哲深厚的學術基底，讓書中單調的鮮食肉品完美融合了日常食材的營養，且避開禁忌食物，讓飼主能做出不同變化，且不會踩雷的鮮食；這本書中的鮮食，最感驚豔的是，居然有麻婆豆腐、泰式打拋豬肉……等從沒想過這也是寵物可以吃的食譜。

　　自己養寵物已有 16 年經驗，自許不是個菜鳥，從飼料、鮮食、生食、凍乾皆有餵過，轉換過程中常常也是有「落屎」或「不吃」的狀況，但自從認識英哲後，可以立馬打電話走後門詢問狀況，討教一些食補讓我家二隻毛寶貝透過吃也達到養生的目的。

艾穎實業有限公司、臭味滾寵物清潔品牌創辦人

夏綾那

FOREWORD

推薦序 III

給寵愛的毛小孩最完善的鮮食

毛小孩是人類最忠實的朋友也是家人,但因為我們給予無需野外求生的環境,導致牠們失去某方面的能力。也因為這樣,寵物的食物從跟著人類吃同樣的食物,轉而變成專門寵糧,甚至市面上開始推出精緻的寵物食品及寵物專屬保健食品。由此可見,毛小孩的飲食已越來越受到人們的重視與講究。

現代人對毛小孩已不再是餵飽就好,而是提供均衡的飲食,同時也講究食物的美味,這儼然已是毛小孩的主人們一個重要的課題。寵物的鮮食是可被端上檯面的美味佳餚,但鮮食的製作需要有相當專業的營養學知識來支持,否則容易導致營養的失衡,造成毛小孩急性或慢性的疾病產生。

英哲有著動物科學的營養生理以及食品科學的專業背景支持,精心調配研製出本書中的 60 道食譜。每道食譜中,除了清楚標示各項食材及營養標示,更以圖文並茂的方式呈現,並清楚描述每道鮮食的製作流程,讓主人在製作鮮食時能一目了然,減少出錯的機率,輕鬆做出既美味、健康又營養的鮮食給毛小孩享用。

如果想給寵愛的毛小孩最完善的鮮食,本人鄭重推薦,這本書一定會是主人們在準備寵物鮮食時的最佳工具書!

美和科技大學前校長

陳景川

CONTENTS 目錄

毛小孩鮮食製作的基本
Basics of Making Furkid's Fresh Food

第 1 章

BASIC NUTRITION
基本營養學

BEFORE MAKING FURKID'S FRESH FOOD
製作毛小孩鮮食之前

貓鮮食食譜大全
Cat Fresh Food Recipes

第 ② 章

犬鮮食食譜大全
Dog Fresh Food Recipes

第 3 章

認識動物飼糧

在以前，大部分的人餵養犬貓時，通常給犬貓吃跟人一樣的食物，或是人吃剩的食物，但後來經過獸醫院跟毛小孩店慢慢推廣，才將商業飼糧轉換成犬貓的主食。

不過因為犬貓本身胃腸道在更換食物過程中，常會造成下痢（腹瀉）或產生其他消化道症狀，所以慢慢的讓犬貓飼糧變成單一化或者簡單化，但其實最安全的食物選擇方式並不是照著營養標準表吃，而是多元攝取，不要有固定的飲食型態。

因為太單一的食物選擇，不管是在人或者是動物都會有風險，甚至累積效應，即使是檯面上常見的研究報告或數據，都會根據時間、時代的轉變而有不同的變化。

現今，新的原料及製作方式不斷的出現，但沒有人能確保原本安全的原料與步驟，在加入新的原料後，製程的改變是否會讓食品產生不同的變化，所以不管是人或者動物的食品安全，建議食用一段時間後，要進行輪替及更換種類。

SECTION 01 / 乾飼料

目前飼主最常使用的飼料種類。因為對比重量，價格相對比較便宜，而且保存方便，就算是動物沒有馬上吃完，能放置比較長的時間。但因為水分含量低及碳水化合物的成分偏高，若將乾飼料作為貓的主食，特別要注意水分的補充。

◆ 常見飼料製造方式

◫ 擠壓膨發機：擠壓膨發機是目前運用在飼料產業上最為廣泛的製造方式，其產能較高，製作成本較低，製造流程為利用溫度以及壓力讓

原料運送至量排部之後瞬間膨化，參與主要原料以澱粉為較高比例，這樣的加工方式，剛好呼應澱粉需要經過加熱糊化才可以讓毛小孩利用，且澱粉成本較低，因此膨發飼料才得以盛行至今。

▨ 乾燥機：運用高動物性肉作為來源的飼糧，就無法利用擠壓膨發機來製造，主要是因為澱粉含量很少甚至沒有，如利用這類機械製造，會有無法成型甚至黏著在機械擠壓管內，導致機械故障，因此這類飼糧只能利用乾燥機長時間烘乾，但因費時、量能低，所以市場上比較少見。

SECTION 02 / 罐頭飼料

通常肉跟脂肪的含量會比較高，且會添加添加物來增加適口性，再加上裡面水分含量比較高，對於不愛喝水的貓咪，是藉此喝水的好選擇，但因為單價比較高，而且罐頭打開後，沒有整罐吃完或者放到冰箱，都會增加微生物增生的風險，甚至對動物造成傷害。

這類的加工通常是利用高溫、高壓的方式進行商業滅菌，以達到在未開封狀態下可以常溫保存。

SECTION 03 / 生食

生食主要提倡「最接近犬貓原始狩獵的食物型態」，且不會經過溫度的影響，導致營養成分的流失，但潛在問題其實相當麻煩，例如：病原性微生物（大腸桿菌、沙門氏菌、金黃色葡萄球菌）的感染、寄生蟲等，都是生食的嚴重問題，若飼主希望自家犬貓食用生食，建議要定期驅蟲。

◆ 生食的安全疑慮

就算在大屠宰廠購買雞肉或豬肉，但飼主仍須注意的是，不管是 CAS 廠或其他上市公司屠宰場，大部分的水都有含次氯酸，而雞的屠宰通常是用水浴冷卻，但是水浴冷卻的水，為了防止食安問題，都會添加次氯酸。雖然氯加熱後會因此而散失，可是生食的生肉通常沒有經過加熱這一塊，往往會有氯超量的疑慮。

即使同樣是進口鮭魚，針對生食與熟食的原料要求也不同。所以在沒有針對犬貓的生食原料取得作出國際性的規範前，身為一個獸醫師及多年食品加工業從業人員，相對反對採用未加熱禽畜肉品作為生食的主原料。

SECTION 04 / 冷凍乾燥鮮食

現在冷凍乾燥零食非常盛行，這些肉會以低溫真空的狀態下進行乾燥，且這類型乾燥產品沒有經過高溫方式，除了可以保留產品的營養成分外，又可以降低產品水分含量，以達到常溫保存的效果。

◆ 冷凍乾燥食安風險

這類的加工乾燥模式，存一些食安的風險，以下列出：

▨ 生肉經過冷凍乾燥後，雖可以殺滅部分微生物及寄生蟲，所以寄生蟲卵並未被殺滅，且這樣的處理模式終究還是生肉，並不是熟肉，倘若在冷凍乾燥前先煮熟，則可以降低上述風險。

▨ 現在各大屠宰廠或電宰廠，在屠體清潔及消毒，都會使用次氯酸鈉來進行水浴清潔降溫，以及消毒致使氯殘留在肉上，但氯對熱非常不安定，所以經過加熱過後就會被分解，反觀氯在低溫的狀態下，反而會讓結構更穩定，且在經過冷凍乾燥後，產生濃縮效應，使得氯濃度增加，這反而會在食物中衛生安全風險打上大問號。

SECTION 05 / 鮮食

近年來，出現「毛小孩鮮食」的新飼糧選擇，主要是希望自家犬貓可以吃到新鮮的食材，以減少食用過多化學添加物，而鮮食雖然是熟食，但和罐頭飼糧或乾飼料的溫度相比，相對可以保留較多的營養價值。

然而每天製作鮮食，對於一般毛小孩父母來說，困難度還是比較高，就算花了大錢、買了好的原料，甚至花時間準備後，還是有營養不均衡的問題發生。

所以，目前有不少商業鮮食廠商，針對一般消費者需求，推出許多冷凍鮮食，雖然價格比一般罐頭及乾飼料高，但選擇好的商業鮮食是我建議疼愛毛小孩的父母可以思考的新選項。

◆ 毛小孩鮮食定義

指未經過高溫滅菌或乾燥方式，且不得放置在室溫保存，須以冷凍方式進行保存的食品。

通常加工程序會以簡單常壓的方式加熱，所以溫度約在 100℃，相對營養素熱裂解的程度較小，而加熱以熱水方式加熱居多；若以工業部份，會以蒸汽方式來進行加入，主要可以防止營養素散失至熱水中，另一是蒸汽加熱可以均勻散布，防止食物過熟或加熱不均導致食物中心溫度不足 72℃。

然而加熱的程序是將食物煮熟，殺滅一些病原性微生物，但冷卻段也非常重要，因製作完成的東西在冷卻時，會經過所謂的危險溫度帶（6℃～60℃），因此在這段的溫度一定需要利用快速冷凍的方式，讓它加速通過，讓鮮食在冷凍狀態下，可以抑制微生物生長。

◆ 鮮食的優缺點

「毛小孩鮮食」這名詞是近幾年才衍伸出來的一種食物，鮮食以字面上來看，為以新鮮食材，不過度的加工來保留食材原樣，並且保留食物本身的營養素的營養形象，來立足毛小孩市場，早期對於這樣的產品幾乎無法生存，原因如下：

▨ 早期社會對毛小孩的飲食不重視。

▨ 冷凍鏈還不成熟。

但因目前對毛小孩，以及冷凍鏈的完善，因此可以完全克服毛小孩鮮食的問題，也因為這樣的意識形態改變，許多毛小孩的家長們也開始自己親手製作鮮食給自己的毛小孩吃，希望讓自家毛小孩可以吃到最健康安全的食物。

BASIC NUTRITION
基本營養學

BEFORE MAKING FURKID'S FRESH FOOD
製作毛小孩鮮食之前

1

毛小孩鮮食製作的基本

BASICS OF MAKING
FURKID'S FRESH
FOOD

認識犬貓消化系統及飲食習慣

01 | BASIC NUTRITION 基本營養學

　　消化系統主要擁有分解食物和吸收營養的兩種功能，而依據體型、動物本身身體構造的不同，也會生長出不同的消化系統。

　　而為什麼犬貓等動物不能吃人的食物，或是需要經過其他烹調處理，才能讓犬貓吃人類的食物，主要也是因為消化系統不同，以及營養需求不同的關係。

SECTION 01 / 認識犬貓飲食習慣

	犬	貓
狩獵方法	群體捕獵食物。	各自捕獵食物。
進食方式	群體一起吃，會搶食與護食。	獨食，吃的速度較慢。
進食頻率	多量少餐。	少量多餐。
飲水量	飲水量／體重（kg），一個小時可以喝進與排出的水相對應的量。	飲水量／體重（kg），但喝水的速度較慢，會在 24 小時內補充所須的水量。
食物溫度	無特別限制及要求。	喜歡吃與自己體溫（38.5 度）相同的食物，所以若從冰箱拿出來，則須加熱。
生活習慣	由日常活動和休息做調節。	白天和晚上都有活動及休息的時間。

人和犬貓消化系統的差異，從食物散發出的味道，及食物進入口腔開始就有差異，以下分別說明。

▨ 消化系統長度及通過腸道的時間

⇒ **消化系統的長度及食物通過腸道的時間皆為人＞犬＞貓。**

　　消化系統的長度會影響食物在消化道停留的時間，消化系統的長度若夠長，就有更多的時間消化食物，以及增加食物的吸收效率。

　　所以犬貓不能任意的吃人類的食物，消化系統的長度也是主要影響的原因之一，若人類沒有注意到餵食的東西，有可能就會使犬貓消化不良或是導致腹瀉等狀況發生。

▨ 嗅聞味道的差異

⇒ **嗅聞味道的細胞多寡為犬＞貓＞人。**

　　犬貓的嗅覺比人類靈敏，所以在食物的選擇上，牠們會依據散發的氣味，決定是否進食，而不是食物本身的味道。

▨ 進食味道的差異

⇒ **味蕾的細胞多寡為人＞犬＞貓。**

　　犬貓在進食時，幾乎吃不出味道，但是貓因沒有糖味覺受體，所以對甜味沒有感覺，但對苦味較為敏感；而犬對鹹味則較為敏感。

▨ 唾液澱粉酶的存有

　　因為人有唾液澱粉酶，在口腔中就可以進行部分食物的分解及消化，但犬貓並沒有唾液澱粉酶，在口腔中只會進行食物分解的動作，所以要避免吃碳水化合物類的食物，以免造成消化不良。

▨ 牙齒構造的差異

⇒ **牙齒數量為犬＞人＞貓；琺瑯質厚度為人＞犬＞貓。**

　　犬的牙齒主要用於切割、撕裂和研磨；貓的牙齒全為全部鋒利齒，主要用於切割和撕裂，以及下巴無側向運動，所以在將食物分解後，會直接吞嚥。

　　加上因為犬貓的琺瑯質厚度較薄，所以須注意適時幫牠們潔齒，以免疾病的產生。

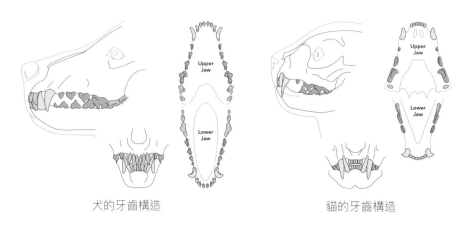

犬的牙齒構造　　　　　　　　　　貓的牙齒構造

▨ 胃的結構及進食時間的差異

⇒ **胃的酸鹼值為犬＝貓＞人；胃的容量為人＞犬＞貓；進食時間長度為人＞犬＞貓。**

　　因為犬貓胃的酸鹼值高，所以在消化肉類的能力上會較強，也更能消化骨骼和破壞有害細菌；也因為胃的容量的關係，貓適合少量多餐，而犬能進行一次的大餐。

▨ 小腸及大腸長度的差異

⇒ **小腸和小腸的長度皆為人＞犬＞貓。**

　　因小腸會影響食物的吸收率，所以適合人類吃的食物，須經過調整才能給犬貓吃；而也因為犬貓的大腸長度較短，對於食物改變的適應力較差，加上細菌發酵發生在大腸，所以不建議直接拿人類的食物給牠們吃。

另外，貓小腸較短，所以適合消化蛋白質和脂肪，但因貓會無法控制的一直消化蛋白質，所以須幫貓補充富含蛋白質的食物。

◆ 消化系統比較總表

	人	犬	貓
科別	人科	食肉目犬科	食肉目貓科
攝食性	雜食性動物	雜食性動物	肉食性動物
消化系統長度	長	中	短
乳糖酶	×	受到犬貓年齡影響，年紀愈大，乳糖酶含量愈少。	
唾液澱粉酶	有	少量	無
嗅覺細胞 (單位：百萬個)	5 ～ 20 個	70 ～ 200 個	60 ～ 65 個
味蕾 (單位：個)	9000 個	1700 個	500 個
牙齒 (單位：個)	32 個	42 個	30 個
琺瑯質厚度	東西方人有差異	人的 1/5	人的 1/10
咀嚼時間	長	少咀嚼	不咀嚼
進食時間	約 1 小時	1 ～ 3 分鐘吃 100g	少量多餐
胃的酸鹼值 及容量	pH2-4，1.3 公升	pH1-2，0.5 ～ 8 公升	pH1-2，0.3 公升
小腸長度	6 ～ 6.5 公尺	1.7 ～ 6 公尺	1 ～ 1.7 公尺
大腸長度及菌群	1.5 公尺， 菌群多樣性	1.3 ～ 1 公尺， 益生菌菌群	0.3 ～ 0.4 公尺， 益生菌菌群
食物通過腸道 的時間	30 小時～ 5 天	12 小時～ 30 小時	12 小時～ 24 小時

（註：胃的酸鹼值 pH 值愈小，酸性愈強。）

犬貓所須營養及能量介紹

　　營養素分成必需跟非必需營養素，而犬貓依據不同的體型、結紮前後、活動量、年紀等不同因素，都會影響進食量，但依然有必備的六大營養素，包含水、蛋白質、碳水化合物、脂肪、維生素、礦物質，以下分別介紹。

01 ╱ 水

　　水占動物身體的 70%（出生時占 75%），主要功能為運送身體所須的營養物質、廢棄物和維持身體機能的最重要物質，所以犬貓都必須隨時喝水。

　　但貓不愛喝水，水量也喝的少，主要因為牠們是沙漠動物的後裔外，還能濃縮尿液，但如果濃縮後濃度太高，會造成泌尿道結晶體和結石的情形產生，所以需要讓貓適時的喝水。

◆ 飲水量

　　以一般犬貓來說，貓的飲水量每公斤約飲用 30 ～ 35ml/kg；犬的飲水量每公斤約飲用 50ml/kg，但犬貓飲水量也會因體型、年齡、活動量等而有所差異，可用以下公式計算：

> 犬一日所需水量（c.c.）= 體重（kg）× 70
>
> 貓一日所需水量（c.c.）= 體重（kg）× 50

◆ 水的來源

　　水的來源可以分成飲水、食物、代謝過程中產生的水三個部分，可藉由不同路徑，補充犬貓的水分。

　　▨ 直接喝水，可讓犬貓直接補充水分。

　　▨ 食物，可從乾糧（含 10% 的水），或濕糧（含約 80% 水）中獲取水分，所以可餵犬貓濕的食物，水含量較高，可以喝更少的水；若餵食乾糧，則需要另外補充水分。

　　▨ 代謝時，中間過程會產生水，可以間接補充犬貓水分。

　　而水會在犬貓的呼吸、哈氣、排尿、排便中將水分排出，如果沒有讓犬貓自然攝取到所須的水，可能會造成犬貓脫水，或產生其他疾病。

◆ 水的功能

　　水的功能很多，不管是作為運輸營養物的介質，或是調節體溫等，這些功能都可以顯見水的重要性，以下為常見功能。

　　▨ 理想的介質，用於運輸身體營養物質和廢棄物。

　　▨ 大部分代謝過程都需要水。

　　▨ 體溫調節。

　　▨ 關節、眼睛和內耳的潤滑（用於聲音傳輸）。

◆ 水不足或過多

　　當飲水量不足時，犬貓可能會出現脫水、皮膚乾燥、心跳偏快、發燒等狀況，而如果身體長時間脫水超過 10%，有可能會影響犬貓的健康，導致犬貓腎功能衰竭，也有可能產生泌尿道的問題。

　　但另外要注意的是，如果犬貓突然增加水分的攝取量，有可能是糖尿病跟腎臟疾病出現的一個癥狀。

SECTION 02 / 碳水化合物

　　也稱醣類，主要由碳、氫與氧組成。因犬貓可以從胺基酸中分解出葡萄糖，所以碳水化合物為非主要營養素，但若犬貓食用碳水化合物可做為膳食纖維及能量的來源，而通常乾糧的碳水化合物含量高於溼糧。

　　碳水化合物由醣類和纖維構成，功能上，醣類為能量來源；而纖維則與腸道蠕動有關，主要分成以下幾種。

類別	來源	分解路徑	說明
簡單 碳水化合物	葡萄糖、砂糖、水果、精緻穀類、牛奶。	腸道澱粉酶分解。	可直接提供能量，吸收較快。
複合性 碳水化合物	未精緻穀類、根莖類、蛋類以及蔬菜類。	腸道澱粉酶分解。	因消化時間較長，能延長飽足感，並增加腸道蠕動。
發酵性 碳水化合物	豆類、奶類、麥類、馬鈴薯、地瓜、玉米。	經腸道菌發酵分解。	因無法於小腸被消化吸收，以致於容易在腸道發酵產氣。

　　而碳水化合物有糖類、澱粉、纖維質三種型態，以下會分別說明。

糖 Sugar

　　指被腸道澱粉酶中分解成葡萄糖、果糖等簡單的碳水化合物，以及乳糖、蔗糖等可被消化的碳水化合物。

　　但要注意的是，在挑選食物的時候，不要挑選蔗糖等含有額外糖分的食物，除了動物無法吸收外，還可能造成糖尿病。

來源 SOURCE

穀物、水果、牛奶等。

不足 INSUFFICIENT

會使動物有腹瀉、細菌過度生長的情形。

可直接提供動物能量，但相較於脂肪，熱量較低，較不易造成動物身體負擔，或是使動物過度肥胖。

而在母乳中的乳糖是幼小犬貓主要的能量來源，因為消化酶、乳糖酶在他們生長過程中是必要的，而一旦動物停止餵母乳，乳糖酶就會消失。

澱粉 Starch

非必需、但可消化的碳水化合物，須注意犬貓幾乎無法吸收澱粉，如：小麥、大豆等，但未精緻過的穀類，如：糙米、燕麥等，或是根莖類是好的澱粉來源，對犬貓來說，是可以成為能量的來源。

在腸道消化時，會被消化酶分解成葡萄糖，若要增加犬貓的消化速度，可在烹煮時，用小火長時間烹調的方式，讓澱粉糊化（讓食物增稠、凝固），使動物更好消化。

來源 SOURCE | 功能 FUNCTION

未精緻穀類、根莖類、豆類等。 | 可提供動物能量。

纖維 Fiber

分成可溶性和不可溶性纖維，依據不同種類的纖維，可以減緩蠕動過快的腸道，或是加快食物通過腸道的速度。

類別	可否發酵	分解路徑	說明
可溶性纖維	可發酵	減緩腸道的蠕動速度，不易腹瀉。	燕麥、大麥、根類蔬菜、堅果、亞麻籽等。
不溶性纖維	不可發酵	調節消化，增加食物通過腸道的速度，不易便祕。	小麥、馬鈴薯皮、綠花椰菜、四季豆、綠櫛瓜、酪梨等。

犬貓無法吸收纖維，但部分高纖維物能協助貓在排便時，順勢帶出毛球，如：洋車前子，而洋車前子也為唯一可溶性、不可發酵的纖維。另外，益菌生也能幫助腸道的細菌繁殖，促進動物的腸道蠕動。

○ 功能 FUNCTION

能維持腸道蠕動，促進腸道運輸的功能，讓動物維持身體健康，正確維持纖維的量，才能優化腸道運輸的時間。

○ 不足 INSUFFICIENT

可能會使動物便秘或腹瀉。

◆ 碳水化合物的來源

主要為地瓜、番薯等根莖類，以及燕麥、部分水果、部分蔬菜等都有含碳水化合物。

◆ 碳水化合物的功能

由醣類和纖維組成，醣類管能量、纖維管腸道健康。

◆ 碳水化合物過多或過少

如果動物攝取的碳水化合物不足，體內的蛋白質會轉換成熱量，使犬貓的肌肉量減少外，因牠們的腸道較短，也會影響食物的消化和吸收。

SECTION 03 / 蛋白質

為犬貓主要的能量來源，分成植物性蛋白（如：穀、豆等）、動物性蛋白（如：蛋、肉、魚、乳製品等）兩種，對肉食動物的犬貓來說，主要是攝取動物性蛋白，如果攝取過多的植物性蛋白，有可能會造成牠們腎臟的負擔。

當食物進入消化道，蛋白質分解後會產生游離的 20 種胺基酸，而胺基酸分為必需和非必需，以下簡短說明。

◆ **認識胺基酸**

非必需胺基酸指身體在需要的時候可自行合成，而必需胺基酸則須從飲食中攝取，所以動物性蛋白的攝取，對犬貓來說非常重要，以下為犬貓的必需胺基酸，其中精胺酸和牛磺酸會特別說明。

犬所需胺基酸

精胺酸
Arginine

貓所需胺基酸

精胺酸   牛磺酸
Arginine   Taurine

甲硫胺酸	組胺酸	離胺酸
Methionine	Histidine	Lysine
異白胺酸	白胺酸	色胺酸
Isoleucine	Leucine	Tryptophan
苯丙胺酸	纈胺酸	蘇胺酸
Phenylalanine	Valine	Threonine

牛磺酸 Taurine

　　為含硫胺基酸，存在於動物組織內，和其他必需胺基酸不同的是，沒有參與蛋白質的合成。

　　犬可以自行合成牛磺酸，但貓不行，所以在食物中，需要添加牛磺酸進去，但因牛磺酸為水溶性營養素，易讓牛磺酸流失，所以在烹煮時，盡量不要濾掉肉汁，以免流失掉大量的牛磺酸，除非我們在烹煮時額外添加牛磺酸。

來源 SOURCE

主要從動物性蛋白而來，如：肉、魚類、器官（如心臟、腎臟、肝臟和肺）等。
但若是補充貓糧類，須以乾貓糧：濕貓糧＝ 2：1 的比例補充，也就是 2 份的乾貓糧、等於 1 份的濕貓糧，可以用這樣的方式補充貓的營養。

功能 FUNCTION

牛磺酸主要是調節鈣離子流入和流出細胞，並能使肝臟細胞合成膽酸。
牛磺酸對身體各方面影響層面大，除了能使心臟、視網膜正常運作外，也與繁殖、視力和聽覺等各方面功能有關，是一種重要的抗氧化劑，也能合成複合脂肪的前體（糖磷脂），也就是使皮膚有屏障的功能。

不足 INSUFFICIENT

若牛磺酸不足，有可能會失明、對心臟造成傷害，或是成長遲緩、生殖能力下降，讓新出生的犬貓出現先天性的缺陷。

精胺酸 Arginine

　　精胺酸在從氨合成尿素的過程占重要的角色，所以若沒有足夠的精胺酸，會快速出現氨中毒（高氨血症）的症狀，包含嘔吐、過度流口水、神經問題等，如果沒有即時處理，可能會使犬貓死亡，而貓因無法自行合成精胺酸，所以缺乏的情況，會比犬嚴重。

也由於精胺酸是由蛋白質分解而成，所以如果食物中的蛋白質愈高，對於精胺酸的需求量，相對來說也會更高。

○ 來源 SOURCE

主要從動物性蛋白而來，如：肉、器官（如心臟、腎臟、肝臟和肺）、明膠等。

○ 功能 FUNCTION

精胺酸主要是將氨排出體外，還能使血管鬆弛，以及擁有釋放部分賀爾蒙的功能。

○ 不足 INSUFFICIENT

若精胺酸不足，可能會過度流口水、肌肉震顫、嘔吐，甚至死亡，長期缺乏精胺酸則會產生白內障。

◆ 蛋白質的來源

主要從動物性蛋白和部分植物性蛋白而來，如：雞蛋、牛奶、器官（如心臟、腎臟、肝臟和肺）、肉類（雞胸肉、牛肉等）、魚肉、穀類食品、麵粉、豆腐等。

◆ 蛋白質的功能

在犬貓的生活中有部分階段會更需要蛋白質，如：生長、妊娠、哺乳，以及活動量大時，需要更多的蛋白質，且牠們運用 30 ～ 35% 的蛋白質，來保持皮膚和外表健康。

▨ 蛋白質是體內軟骨組織、皮膚及毛髮等體細胞的主要來源，蛋白質經過傳導及運輸到寵物細胞體內，讓動物可以自由奔跑以及擁有漂亮的毛髮。

▨ 蛋白質背負著遺傳使命，主要是因為動物的遺傳 DNA，這蛋白稱為核蛋白（脫氧核醣核酸，DNA 或核糖核酸，RNA），而在遺傳染色體

中的結合，DNA 結合蛋白質（組蛋白、精蛋白）在經過組成後，核蛋白會存在於染色體內，而攜帶此遺傳訊息的蛋白，經過轉錄讀取遺傳密碼，進行細胞分裂複製，遺傳新的下一代。

☑ 蛋白質擁有催化及代謝調節作用，催化或代謝調節需要酶的參與，酶也是我們常說的酵素，大部分的酶就是蛋白質，酶在反應時有高度專一性極高催化性，且在整個細胞代謝過程中，都需要酶的參與才能加速化學反應，讓代謝產物及能量可以滿足動物的需要。

☑ 細胞與細胞間的訊息傳遞，均須仰賴蛋白質，例如：胰島素可以將訊息從單一細胞傳送至動物組織內的細胞，以達到訊號傳遞的功能。

☑ 動物體內抗體又稱免疫球蛋白（immunoglobulin，Ig），是免疫系統及蛋白質非常中要的組成，主要作用在抗原或其他外來物質，經過系統誘發免疫系統來消除物質，抗原跟抗體就好像一把鑰匙跟一個門鎖，因此抗原跟抗體僅能與其一結合，但也是因為這需要高度的結合，抗體可以標註外來的感染細胞，就像是犯人銬上手銬，針對不同的抗原阻斷致病的生化反應。

☑ 修補細胞、組織，打擊病菌。

☑ 轉運血液中的蛋白質。

☑ 能量來源。

◆ 蛋白質過多或過少

　　若蛋白質過多，會使身體的代謝變混亂外，還會使肝臟、中樞神經系統等器官功能失調，甚至生殖功能降低等影響。

　　若蛋白質過少，可能會使犬貓的抵抗力不足，使胃口和體力下降、生長變慢等情況發生。

SECTION 04 / 脂肪

脂肪擁有高熱量，每克的脂肪比蛋白質、碳水化合物提供多兩倍的能量，犬約 35 ～ 65%、貓約 30 ～ 50% 是來自脂肪的熱量。

且因為味道濃郁，能引起動物的食慾，而加上脂肪在胃中會停留較久的時間，所以能增加動物的飽足感。

在提供動物的營養方面，因脂肪會分解身體所須的必需脂肪酸，也能幫助吸收脂溶性維生素，所以須讓犬貓攝取適量的脂肪，以免造成毛髮掉落，或皮膚產生問題。

◆ 脂肪的來源

脂肪分為動物性和植物性脂肪，而動物體內所須的必需脂肪酸為「不飽和脂肪酸」，分成 Omega-3 脂肪酸和 Omega-6 脂肪酸，在動物食品中，較常加入牛油、雞油、種子油等，以增加營養、香氣。

脂肪酸類別	所須脂肪酸	含該脂肪酸的油脂
omega-6 脂肪酸	亞麻油酸（LA）。	玉米油、葵花油、大豆油、紅花籽油、葡萄油。
	γ - 次亞麻油酸（GLA）。	月見草油、琉璃苣油、當歸、薑。
	花生四烯酸（AA）。	肝臟、蛋黃、海鮮。
omega-3 脂肪酸	α - 次亞麻油酸（ALA）。	亞麻仁油、油菜籽油、紫蘇油。
	EPA。	鮪魚、鯖魚、鮭魚、秋刀魚等魚油。
	DHA。	魚油。

◆ 脂肪的功能

脂肪除了能保護內臟器官外，也是動物身體在代謝、運輸等生理過程中，所須的營養素，而不同的脂肪酸，也會有不同的功能，如：增強免疫系統和生殖功能等。

脂肪酸類別	所須脂肪酸	功能
omega-6 脂肪酸	亞麻油酸（LA）。 γ - 次亞麻油酸（GLA）。	與毛髮生長、皮膚好壞有關。
	花生四烯酸（AA）。	與將血液凝固、修復身體組織有關。
omega-3 脂肪酸	α - 次亞麻油酸（ALA）。 EPA。 DHA。	與神經、視力、抗氧化有關。

◆ 脂肪過多或過少

　　脂肪雖然重要，但是量的控制也很重要，若脂肪量過多，會造成動物過胖外，也會造成身體的負擔；但如果脂肪量過少，則會產生皮膚發癢、掉毛、反應遲鈍等身體上的狀況。

^{SECTION}05 ／ 維生素

　　維生素無法在動物體內合成，所以必須從食物中攝取，才能調整身體機能。而維生素又分成脂溶性和水溶性維生素。

類型	維生素
脂溶性維生素	維生素 A、D、E、K。
水溶性維生素	維生素 C、B 群。

　　如果動物長期吃乾糧，就容易有營養不足的狀況產生；但若動物是食用鮮食，主人也要注意動物的攝取量，以免造成營養過量或不足的狀況產生。

◆ 脂溶性維生素

　　能溶於油脂中，主要儲存在肝臟內，身體需要時會自行取出使用，但過多易有中毒的情況產生。

維生素 A Vitamin A

○ 來源 SOURCE

南瓜、紅蘿蔔等黃橘色的蔬菜，以及奶和奶製品、蛋、肝臟、綠葉類蔬菜中。

但須注意，因為犬的腸道可將植物中的 β- 胡蘿蔔素轉化成維生素 A，但貓不行，所以須吃動物內臟、魚肝油等食物，才能轉化成維生素 A。

○ 功能 FUNCTION

維持視網膜、皮膚的正常機能，及讓骨骼正常生長外，也能促進動物發育和身體的抗氧化，以及免疫力提升等作用。

○ 不足 INSUFFICIENT

易造成抵抗力差、生長速度變慢、食慾不振等狀況。

維生素 D Vitamin D

○ 來源 SOURCE

海魚、魚肝油、肝臟、蛋黃等，主要是由膽固醇形成，雖可以藉由日曬來活化維生素 D，但對於犬貓來說量不足，所以仍須藉由進食來補充。

○ 功能 FUNCTION

維持骨骼生長機能，以及協助血液中鈣、磷的平衡。

○ 不足 INSUFFICIENT

易造成骨質疏鬆、軟骨等症狀。

維生素 K Vitamin K

○ 來源 SOURCE

除了芹菜、高麗菜、綠花椰菜、白菜等黃綠色蔬菜外，還有動物肝臟、蛋黃等，都含有維生素 K。

○ 功能 FUNCTION

與身體中的凝血功能、增進骨質密度有關，所以當動物身上有傷口時，能幫助傷口癒合及凝血。

○ 不足 INSUFFICIENT

凝血的速度會變緩慢，造成瘀血、出血的狀況。

維生素 E Vitamin E

○ **來源 SOURCE**

玉米油、葵花油等植物油，葵花子、杏仁堅果外，蛋黃、青紅椒等都含有維生素 E，但在油脂的保存上須注意要放在陰涼處，以免因日照而消耗掉營養素。

○ **功能 FUNCTION**

維持造血功能，以及具有抗氧化作用，因在食物中的不飽和脂坊酸、脂肪細胞等，都易因氧化而失去功能，而維生素 E 能保護細胞膜，使細胞穩定。

○ **不足 INSUFFICIENT**

會讓生長速度變慢、食慾不佳、繁殖不順利、貧血等。

◆ 水溶性維生素

能溶於水中，過多會由尿液中排出，較不易因累積在動物體內而產生不舒服的症狀，但若身體臨時要使用就無法馬上提供，須藉由進食補充。

維生素 C（抗壞血酸） Vitamin C (Ascorbic acid)

○ **來源 SOURCE**

菠菜、綠花椰菜等蔬菜，以及水果、紅蘿蔔、小黃瓜等。

○ **功能 FUNCTION**

與膠原蛋白、彈性蛋白生成有關，也能維持血管、皮膚彈性，具有抗氧化的作用。

○ **不足 INSUFFICIENT**

大部分動物會自行合成維他命 C，但也易因受日曬、溫度等因素使維他命 C 受到破壞，不過是足以維持身體所須的量。

若缺乏易造成呼吸急促、關節痛、腹瀉、凝血時間變長等問題。

膽鹼 Choline

○ 來源 SOURCE

雞肉、牛肉、動物肝臟、雞蛋、乳製品、豆類、穀類等食物，易因溫度過高而被破壞，烹煮時須小心。

○ 功能 FUNCTION

主要為神經傳導物質的前身，可維持神經組織的正常運作，也能協助代謝脂肪。

○ 不足 INSUFFICIENT

生長遲緩、脂肪肝、嘔吐等問題。

維生素 B1（硫胺素） Vitamin B1 (Thiamin)

○ 來源 SOURCE

大豆、燕麥、堅果、豬肉、動物肝臟、蔬菜等。

○ 不足 INSUFFICIENT

造成食慾不佳、體重變輕、腹瀉、神經系統異常等狀況。

○ 功能 FUNCTION

讓腸胃能正常蠕動且提高食慾外，也能將碳水化合物（澱粉、糖）做能量的轉換，以及讓神經系統正常運作、肌肉能協調等功能。

維生素 B2（核黃素） Vitamin B2 (Riboflavin)

○ 來源 SOURCE

動物肝臟、雞蛋、豆類、堅果、乳製品，以及燕麥、糙米等穀類。

○ 不足 INSUFFICIENT

造成生長速度緩慢、皮膚炎、掉毛、反應遲鈍等問題。

○ 功能 FUNCTION

可製造身體抗體外，還可使細胞生長及進行呼吸作用，也能協助維生素 B6 和鐵的吸收，以及代謝脂肪，但須注意維生素 B2 怕日照，所以在保存時要小心。

維生素 B3（菸鹼酸）Vitamin B3（Niacin）

來源 SOURCE

雞肉、牛肉等肉類，鮭魚、雞蛋、牛奶、豆類等食物。

不足 INSUFFICIENT

造成身體疲倦、食慾不佳、體重下降、嘔吐、腹瀉等問題。

功能 FUNCTION

能降低膽固醇、犬貓焦慮症狀外，也能代謝脂肪、澱粉，讓腦神經能正常運作。

維生素 B5（泛酸）Vitamin B5（Pantothenic acid）

來源 SOURCE

糙米、動物肝臟、乳製品、雞蛋等食物。

不足 INSUFFICIENT

生長遲緩、食慾不佳，或有血便、眼睛及肛門的皮膚會病變等問題。

功能 FUNCTION

主要作為輔酶（輔助因子），協助蛋白質、澱粉、脂肪的代謝外，也能促使脂肪和膽固醇合成。

維生素 B6（吡哆醇）Vitamin B6（Pyridoxine）

來源 SOURCE

燕麥、雞蛋、豌豆、雞肉、魚肉等白色的肉類。

不足 INSUFFICIENT

生長遲緩、食慾不佳、體重下降、皮膚炎、口腔潰瘍等問題。

功能 FUNCTION

協助蛋白質、脂肪的代謝外，還能協助胺基酸進入腸粘膜，使內分泌系統正常運作外，也能使紅血球正常生成，使血管正常運作，也能維持皮膚健康。

維生素 B7，又稱維他命 H（生物素） Vitamin B7 (Biotin)

來源 SOURCE

動物肝臟、腎臟、雞蛋、乳製品等
食物。

不足 INSUFFICIENT

掉毛、體重下降、皮膚炎、腹瀉等
問題。

功能 FUNCTION

與脂肪酸、非必需胺基酸（身體可自行合成的胺基酸）、嘌呤（Purine）的合
成有關，也為攜帶二氧化碳的維生素，與動物的生長發育有關。

維生素 B9（葉酸） Vitamin B9 (Folacin)

來源 SOURCE

動物肝臟，以及菠菜、蘆筍等黃綠
色蔬菜。

不足 INSUFFICIENT

生長遲緩、體重下降、貧血、中樞
神經和骨骼會產生問題。

功能 FUNCTION

製造紅血球、合成 DNA，也與代謝維生素 B12 有關，除此之外，也能製造肌
肉、幫助身體復原等能力。

維生素 B12（鈷胺素） Vitamin B12 (Cobalamin)

來源 SOURCE

肉類、魚類、動物肝臟、乳製品、
雞蛋等食物。

不足 INSUFFICIENT

食慾不佳、乳產量下降、貧血、心
血管疾病等問題。

功能 FUNCTION

與葉酸一起維持紅血球的生成外，也可幫助蛋白質的生成。

🐾06 / 礦物質

為無機物營養素，在動物的需求量
上，又分巨量跟微量的礦物質，它們不能
提供能量，但卻是身體中重要的一部分，
不管是在肌肉神經傳導、血液中輸送氧氣
等生理機能上有重要影響外，也與體內的
酵素反應有關。

類型	維生素
巨量礦物質	鈣、磷、鎂、鉀、鈉、氯化物
微量礦物質	鐵、銅、鋅、碘、錳、硒

◆ 巨量礦物質

為身體需求量較高的礦物質，與骨骼、神經傳導、肌肉生長及代謝較
有關係，分別為鈣、磷、鎂、鉀、鈉、氯化物，以下簡單說明。

氯化物 Cl

來源 SOURCE

須靠食鹽產生，為胃酸的主要成
分，嘔吐時可能會流失。

不足 INSUFFICIENT

疲累、生長緩慢、食慾不佳等問
題。

功能 FUNCTION

為細胞外液中負離子最多的礦物質，能維持細胞外液中的酸鹼平衡及濃度。

鈉 Na

來源 SOURCE

食鹽（氯化鈉）、未經處理的肉類、
火腿。

不足 INSUFFICIENT

疲累、心跳加快、排尿量增加、
飲水量下降等問題。

功能 FUNCTION

為細胞外液中陽離子最多的礦物質，能維持身體水的平衡、協助細胞代謝外，
與鉀共同維持細胞的酸鹼平衡。

磷 P

○ 來源 SOURCE

　乳製品、雞蛋、肉類、魚類等食物。

○ 功能 FUNCTION

　強化骨骼、牙齒硬度外，也是細胞膜生成、DNA 組成的重要元素之一。

○ 不足 INSUFFICIENT

　食慾不佳、生長速度緩慢、骨骼發育異常等問題。

鉀 K

○ 來源 SOURCE

　肉類、水果、雞蛋、魚類等食物。

○ 功能 FUNCTION

　為細胞內陽離子含量最高的礦物質，能維持細胞正常運作，以及正常電位差外，也能維持神經傳導、心肌細胞正常運作的元素。

○ 不足 INSUFFICIENT

　食慾不佳、沒有活力，而若犬貓有腹瀉、嘔吐、尿酸增高等現象，都會使鉀快速流失，必須要注意鉀的補充，若症狀沒有好轉，則須盡快就醫。

鎂 Mg

○ 來源 SOURCE

　乳製品、未精緻穀類、骨頭、大豆等食物。

○ 功能 FUNCTION

　除了為組成骨頭的元素之一外，也參與身體的代謝作用、蛋白質合成、肌肉收縮，以及活化酵素有關，更作為細胞內液的陽離子，平衡細胞的電位差。

○ 過量及不足 EXCESS & INSUFFICIENT

　不足會產生食慾不佳、骨質流失、關節過度僵直、肌肉無力等；過量會產生犬貓泌尿道結石等問題。

鈣 Ca

來源 SOURCE

骨頭、乳製品、綠花椰菜、甘藍菜等食物，但須注意鈣和磷的量要維持平衡外，鈣的吸收要搭配磷才能達到預期的吸收率。

功能 FUNCTION

維持骨骼、牙齒的健康及硬度外，也做為細胞間訊息傳遞的角色，讓神經能正常運作。

過量及不足 EXCESS & INSUFFICIENT

不足會產生食慾不佳、生長速度緩慢、骨骼發育異常、骨質疏鬆；過量會影響其他礦物質的吸收，軟骨病變等問題。

◆ 微量礦物質

為身體需求量較低的礦物質，與皮膚、皮毛、血液較相關，分別為鐵、銅、鋅、碘、錳、硒，雖然較低，但仍是維持身體正常運作重要的礦物質，以下簡單說明。

鐵 Fe

來源 SOURCE

動物肝臟、肉類、雞蛋、豆類等食物，而鐵可儲存於肝、骨髓、脾中，而又可經由肝、脾代謝出新鮮的紅血球，所以較不易缺鐵。

功能 FUNCTION

主要作用為運送氧氣，藉由血紅素將氧氣運輸給全身的細胞，而在過程中，肌紅素會運輸氧氣給肌肉。

不足 INSUFFICIENT

貧血、疲累，造成細胞缺氧等問題。

銅 Cu

○ **來源 SOURCE**

動物肝臟，以及豌豆、扁豆等高蛋白食物，會在小腸中被吸收並進入血液中，與白蛋白結合後，送到肝臟內儲存供身體使用。

○ **功能 FUNCTION**

協助腸道吸收鐵質，並協助鐵合成血紅素外，也為合成動物毛髮黑色素的元素之一。

○ **不足 INSUFFICIENT**

貧血、毛色不均、骨骼生長異常等問題。

鋅 Zn

○ **來源 SOURCE**

動物肝臟、雞蛋、紅肉、乳製品、豆類。

○ **不足 INSUFFICIENT**

食慾不佳、動物毛髮變粗硬、生長速度緩慢、皮膚炎等問題。

○ **功能 FUNCTION**

與 DNA（去氧核醣核酸，為體內的基因）、RNA（核糖核酸，主要在基因中傳遞訊息）合成有關，與細胞發育、免疫力、動物毛髮生長有關。

碘 I

○ **來源 SOURCE**

海藻、海帶、昆布、海苔、魚類、動物肝臟等食物。

○ **不足 INSUFFICIENT**

甲狀腺腫大、動物毛髮掉落等問題。

○ **功能 FUNCTION**

與甲狀腺賀爾蒙合成有關，能維持身體正常代謝，以及細胞生長。

錳 Mn

○ **來源 SOURCE**

穀類、豆類等食物。

○ **不足 INSUFFICIENT**

繁殖不順等問題。

○ **功能 FUNCTION**

讓粒線體正常運作,使營養素能正常代謝外,也是構成骨骼、關節軟骨的元素之一。

硒 Se

○ **來源 SOURCE**

肉類、魚類、穀類、豬肝。

○ **不足 INSUFFICIENT**

食慾不佳。

○ **功能 FUNCTION**

與抗氧化有關,能抵禦細胞受到自由基的攻擊,也為協助身體免疫系統正常運作的元素之一。

動物不同階段的營養管理

　　犬貓跟人一樣，有不同生命階段，也有照顧時需要注意的地方，以下將針對犬貓不同年齡及時期，進行說明。

SECTION 01 / 認識犬貓年齡

　　犬貓的年齡計算方式和我們不一樣，必須先了解犬貓的年齡後，才能知道該如何進行犬貓的營養管理，以下圖表說明。

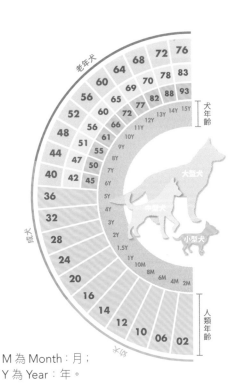

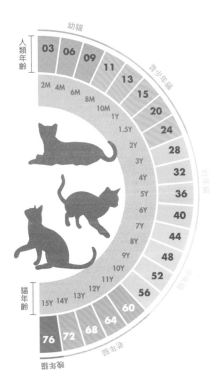

M 為 Month：月；
Y 為 Year：年。

SECTION 02 / 犬貓的生長階段和營養需求

◆ 幼貓／幼犬

▨ 哺乳期／授乳期（出生後～ 3 週）

在貓／犬剛出生時，大部分是由母貓／犬哺乳，因母貓／犬在分娩後 2 ～ 3 天的乳汁（初乳）具有很高的營養成分與免疫球蛋白，所以幼貓／犬一般藉由喝初乳來補充營養及增強抵抗力，但若母貓／犬不在身邊，可以購買市售的專用奶來哺乳。

另外需注意的是，剛出生的幼貓／犬因為身體還未成熟，所以需要注意保暖，以免發生低體溫。

▨ 離乳期（出生後第 3 週～第 8 週）

指幼貓／犬開始對母貓吃的食物有興趣的階段，3 ～ 6 週時，可以將食物打成泥狀後，與專用奶混合後讓幼貓／犬吃；到 7 ～ 8 週後，就要幼貓／犬習慣離乳食品。

若幼貓／犬還不會舔食食物，可用針筒餵食幼貓／犬，輔助牠們習慣離乳食品。

▨ 發育期（8 週後）

在這個階段因為幼貓／犬的消化器官等還沒發育完全，所以需要補充大量的能量、營量，讓幼貓／犬可以慢慢成長為成貓／犬。

▨ 青少年期（出生後 6 ～ 12 個月）

這個階段會接近貓／犬成年期，身體會逐漸發展完整，生長速度也會變慢外，也會對動物、人，以及物品做記號，並開始展現貓／犬真正的氣質和個性。

◆ 穩定成長、成年期

約在貓的**壯年期**（3～6歲）和**中年期**（7～10歲）；犬的**中壯年期**（1～6歲）。

此時期雖然貓／犬的狀況趨於穩定，但仍須注意依據牠們的年齡調整飲食、提供必需的營養素外，建議讓／犬維持適當的運動，並定期帶貓做健康檢查，以確認牠們的身體沒有其他狀況。

◆ 高齡期

約在貓的**老年期**（11～15歲）和**晚年期**（15歲以上）；犬的**老年期**（7～15歲）和**晚年期**（15歲以上）。

此時期貓／犬的衰老狀況會很明顯，除了易患有肥胖、心臟病、口臭等疾病外，外觀上，動物毛髮會變灰、沒光澤。

所以，飼主更要注意須帶貓／犬做定期健康檢查、維持適當的運動、保持均衡的飲食等，才能讓牠們的老年生活過得較舒適。

03 ／ 認識犬貓糞便及代表意義

從糞便、尿液等犬貓的排泄物，也能辨別毛小孩的身體狀態。

◆ 糞便型態代表意義

以下為布里斯托大便（Bristol Stool Scale）的分類方法，可供飼主參考，並知道自家毛小孩的狀態。

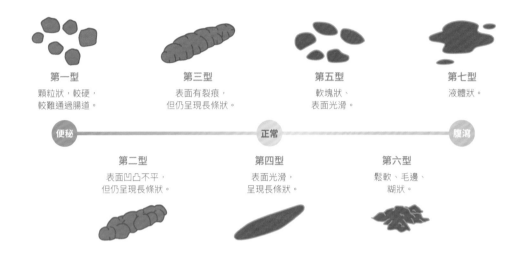

第一型	第三型	第五型	第七型
顆粒狀，較硬，較難通過腸道。	表面有裂痕，但仍呈現長條狀。	軟塊狀、表面光滑。	液體狀。

便秘 —————————— 正常 —————————— 腹瀉

第二型	第四型	第六型
表面凹凸不平，但仍呈現長條狀。	表面光滑，呈現長條狀。	鬆軟、毛邊、糊狀。

♦ 糞便顏色代表意義

不同的糞便顏色，代表的意義也不同，以下圖示說明。

健康

咖啡色

代表消化系統有正常運作。

黃色

吃較多豆類、蔬菜等碳水化合物含量較高的食物。

不健康

紅色

» 糞便中若帶血，通常是因為腸胃道出血，須立即就醫，以免造成貧血、沒食慾等狀況。

» 有可能因飲水量不足，造成便秘而使肛門出血。

黑色

» 糞便呈現黑色、出現臭味，可能是腸胃道出血。

» 肉吃太多，也會使糞便偏黑。

白、灰色

糞便呈現乾燥的狀況，須多喝水，以免引起結石，或肝臟胰腺產生問題。

不
健
康

綠色

吃抗生素，或吃太多綠色蔬菜，會使糞便變綠色外，還會有腹瀉等問題出現。

橘色

糞便稠稠、有橘色的排泄物，通常是因為消化不佳所產生。

白色點點

糞便中出現白色寄生蟲。

◆尿液顏色代表意義

不同的尿液顏色，代表的意義也不同，以下圖示說明。

健康	不健康					
黃色	透明	紅色	橘色	棕色	白色	綠色、藍色
正常尿液顏色。	喝過多水。	血尿。	水分不足，或吃藥造成。	水分不足，或腎臟、肝等有問題。	尿道感染。	細菌感染。

食物的選擇及介紹

　　犬貓跟人體的身體構造、消化系統都不相同，所以在餵養犬貓時，就必須特別注意哪些食材是牠們不能吃的。

SECTION 01 ／ 貓的禁忌食材

▨ 生魚

　　生魚會讓貓體內的維生素 B1 流失，導致貓食慾不佳外，有可能有沙門氏菌，會造成貓腹瀉、嘔吐等情況。

▨ 骨頭

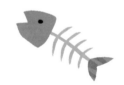

　　魚骨頭及任何常見的骨頭貓都不能吃，因為有可能會刺傷食道、腸、胃等消化器官外，還有可能導致消化系統塞住、內部出血等狀況。

SECTION 02 ／ 犬的禁忌食材

▨ 細小或煮熟骨頭

　　煮過的大骨等骨頭，因骨頭已失去彈性，若煮得不夠爛，犬一咬就會裂成碎片，易劃傷食道、腸、胃等消化器官。

☑ 甲殼類

　　螃蟹、蝦子等甲殼類的食物，會讓犬產生皮膚紅腫、過敏等狀況。

☑ 家禽肉、生肉

　　因現今生肉多為人類飼養，內多含有沙門氏菌、大腸桿菌等，加上可能在運送過程中不小心退冰，而產生細菌，若讓犬食用，有可能會產生食欲不佳、嘔吐、腹瀉、精神不佳等狀況。

SECTION 03 ／ 犬貓共同的禁忌食材

☑ 部分水果、果核

　　蘋果、櫻桃、水蜜桃、李子等含果核類水果因含有氰化物，攝取過多果核、種子，會讓犬貓有嘔吐、呼吸困難、休克等中毒症狀。

　　柚子、檸檬、橘子等柑橘類的果皮氣味，因氣味相較之下較刺激，所以可能會使犬貓產生皮膚紅、癢等過敏現象。

　　葡萄和葡萄乾會讓犬貓出現嘔吐、想睡覺、食慾不佳、易口渴其因誤食後達到腎衰竭，嚴重時容易導致死亡。

蔥類

青蔥、大蒜、洋蔥、韭菜等蔥類，因含有烯丙基丙基二硫化物（Allyl propyl disulfide），會使紅血球被破壞，並使紅血球急速氧化，而使犬貓產生貧血、呼吸急促等現象。

咖啡因、茶鹼

巧克力、咖啡、可樂、茶等含有咖啡因、茶鹼的食物，會讓犬貓產生肌肉抽搐、癲癇、過度喘氣、躁動，甚至造成休克死亡。

酒精

酒類飲品中含有乙醇，且犬貓無法代謝酒精，因此會使肝臟負擔加重，甚至變得興奮、過度喘氣外，也會讓犬貓產生嘔吐、腹瀉等症狀，甚至有可能造成休克、死亡。

高糖食物

餅乾、洋芋片、冰淇淋等高糖食物，會讓犬貓產生肥胖、糖尿病，以及牙齒的疾病等。

醃製物等高鹽分食物

培根、漢堡肉、煙燻肉等醃製類食物，因為含有大量鹽巴、防腐劑等，長期吃的話，會讓犬貓得到癌症外，也會使犬貓體內的電解質失衡，且加重腎臟負擔。

☑ 調味料

　　大部分的調味料，都不建議讓犬貓吃，而因人類的食物大部分都含有調味料，所以才不建議讓犬貓吃人類的熟食。

　　以味精、鹽巴為例，犬貓食用味精後會產生癲癇的反應；而過量的鹽巴會讓犬貓體內的電解質失衡，使犬貓產生便秘等腸胃的問題產生。

☑ 辛香料

　　辣椒、胡椒等大部分辛香料等不建議讓犬貓吃，除了會刺激鼻、眼和皮膚外，也會讓犬貓產生腹瀉等腸胃的問題產生。

SECTION 04 / 書內使用食材介紹

◆ 蔬果、根莖類

高麗菜

大白菜

菠菜

春菊（山茼蒿）

青江菜

花椰菜
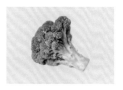

西洋芹

蘆筍

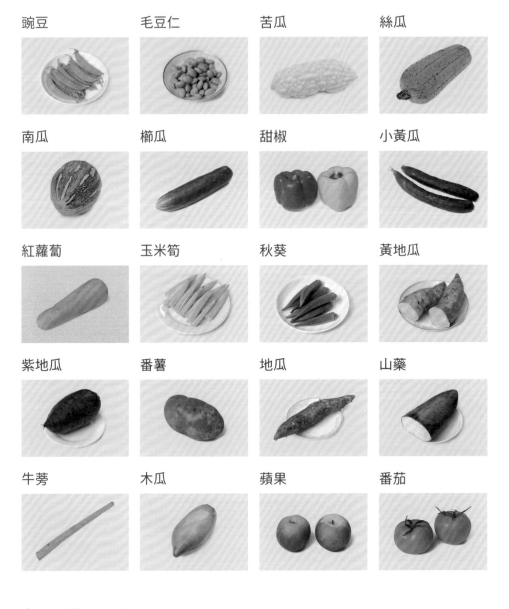

豌豆	毛豆仁	苦瓜	絲瓜
南瓜	櫛瓜	甜椒	小黃瓜
紅蘿蔔	玉米筍	秋葵	黃地瓜
紫地瓜	番薯	地瓜	山藥
牛蒡	木瓜	蘋果	番茄

◆ 肉、肝臟、油脂

雞腿肉	雞肉	雞肝	牛五花肉

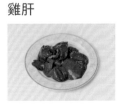

牛後腿肉

羊排

豬絞肉

豬里肌肉

鴨胸肉

雞油

橄欖油

牛油

◆ 海鮮

鯛魚

鮭魚

蝦仁

小魚乾

吻仔魚

鮪魚罐頭

蛤蜊肉
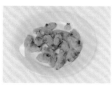

◆ 其他

牛磺酸
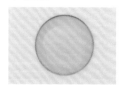

鈣

糙米

義大利麵

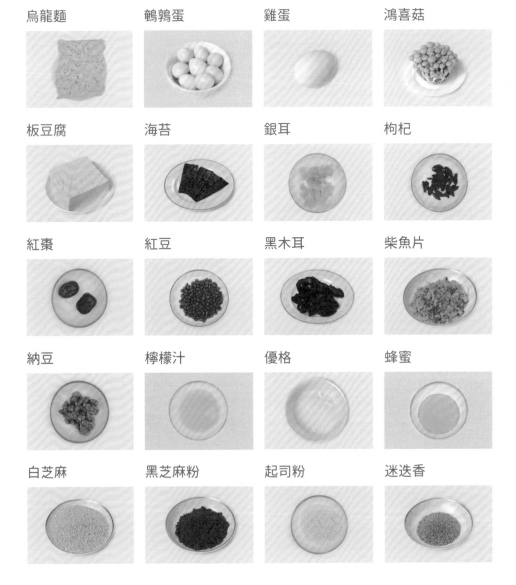

烏龍麵　　鵪鶉蛋　　雞蛋　　鴻喜菇

板豆腐　　海苔　　銀耳　　枸杞

紅棗　　紅豆　　黑木耳　　柴魚片

納豆　　檸檬汁　　優格　　蜂蜜

白芝麻　　黑芝麻粉　　起司粉　　迷迭香

用食物做疾病預防，讓動物不生病

　　犬貓常見食源性相關疾病不外乎肥胖、糖尿病、腸道菌相失調及過敏等相關症狀，然而絕大部分的疾病根源都歸責於肥胖問題，因此在飲食的控制和食材的選擇都需充分篩選，讓犬貓可避免疾病的發生。

SECTION 01 / 肝臟病

　　犬貓的肝臟疾病特別在老年時期中很常見。

　　肝臟的疾病有相當多成因，先天或者遺傳因素之外，常見的是食物、藥物，甚至是環境毒素造成的肝臟問題，若讓犬貓誤食人類用的普拿疼、木醣醇，都會造成肝毒性，甚至造成急性肝炎。

◆ 肝臟病臨床的症狀

　　肝臟疾病常會被飼主忽略，因臨床上常見的腹水，深色尿液，黃疸，牙齒泛白等病癥，通常飼主比較不容易發現，所以定期健康檢查還是最好的預防方法。

◆ 食材預防肝臟病

　　減少脂肪、蛋白質、碳水化合物等涉及肝臟代謝（維生素 B 群）的原料，並控制銅含量成分。

SECTION 02 / 胃腸道疾病

胃腸道、呼吸道是身體裡面接觸外界最大的兩個部分，且遠比我們外表可以見到的皮膚總面積來的大。

身體的主要免疫細胞，主要是在腸道作用，所以如果腸道發炎，腸道表面的絨毛會比正常絨毛密度更低更短，當細菌、病毒、微生物，甚至食物殘渣都會在沒有足夠腸道絨毛保護下，因為腸漏作用（Leaky Gut Syndrome）而造成更多的發炎反應，或是造過敏。

若發炎細胞透過血液跑到全身，當到流動到腦部時，甚至會造成阿茲海默症跟失智症。

◆ 食材預防胃腸道疾病

在飲食方面添加益生菌（Probiotics）及益菌生（PreBiotic），或膳食纖維（地瓜、南瓜）等保健用的腸道營養劑與保健品外，若是胃腸道出問題的動物，食物選擇還有兩個面向**須注意**。

▨ 選擇不易過敏的原料。

▨ 選擇以前沒用過的蛋白質，可發酵性纖維與短鏈脂肪酸。

胃腸道疾病除了上述的解決方案外，也建議可以選擇食用免疫球蛋白IgG，讓微生物與 IgG 結合後跟糞便排出，讓腸胃道獲得完整的修護。

SECTION 03 / 糖尿病

糖尿病這類的代謝性疾病，以統計來看約有 70% 患有糖尿病的犬貓年紀約在 7 歲以上，當然肥胖也會是造成糖尿病的因素之一，另一項為犬貓對胰島素造成阻抗或胰島素分泌不足，也會轉而罹患糖尿病。現在平均壽命增加，飲食及生活型態的改變，也讓許多代謝性的疾病逐一浮現出來。

◆ 糖尿病的型態

糖尿病（Diabetes Mellitus，DM）為一種慢性代謝性且為不可逆無法根治的疾病，主要的特徵有長期血糖高於標準，長期處在高血糖的狀況下會產生吃多、喝多、尿多及體重下降，此狀況簡稱為「三多一少」，糖尿病可區分為第一型糖尿病及第二型糖尿病，且在血液檢查中，依據美國動物醫療協會（The American Animal Hospital Association，AAHA）2018年針對犬貓糖尿病的血糖值範圍的管理指南，正常犬貓的血糖濃度值約為 80 ～ 150 mg ／ dl，因此如果血糖過高的臨床症狀依然可判定為糖尿病。

▨ 第一型糖尿病（胰島素依賴型）

第一型糖尿病主要是因胰臟中胰島 β- 細胞，因病理性損傷，導致無法製造胰島素，以至於缺乏胰島素，因此在體內血糖就無法進入細胞，致使血糖無法得到控制。

▨ 第二型糖尿病（非胰島素依賴型）

第二型糖尿病是因本身胰島素分泌不足或者體內對胰島素的敏感度降低，因此體內血糖無法即時進入細胞內，導致血糖濃度上升。

◆ 食材預防糖尿病

糖尿病目前是無法根治的，因此在飲食上須嚴格控管內容物、份量及餵食的時間，而犬與貓控制糖尿病的方向有些許差異。

▨ 貓

本身較不需要碳水化合物的利用，因此食物需選擇高蛋白質，低碳水化合物的食物（例如：雞胸肉、牛肉、鮭魚）來補足每日所須的營養。

▨ 犬

可能因肥胖導致糖尿病的產生，所以高碳水化合物及高油脂的飲食需降低，盡可能攝取高量蛋白質，另外亦可補充膳食纖維以增加飽足感，且可降低飯後血糖急遽上升的情況。

SECTION 04 / 腎臟病

腎臟病是貓常見的疾病，特別是慢性腎臟疾病，是貓死因的第一名。但是因為貓天性不愛喝水，再加上生病的貓不一定有明顯症狀出現，所以常常飼主發現時已經很嚴重了。所以會**建議每年至少帶貓去健檢一次，七歲之後則是每半年一次**。

◆ 食材預防腎臟病

犬須限制含蛋白質的食物，而貓對碳水化合物的攝取量不宜過高，但若對貓限制蛋白質又會造成貓的營養不良，所以對於貓的腎病飲食，目前還在不斷修正中。

腎臟病飲食，除了限制鈉跟磷的攝取，增加飲水量外，重點還是取得足夠的能量，以及減低腎臟的負擔。

SECTION 05 / 胰臟炎

胰臟炎在犬的發病機制，以及治療方式與人是非常接近的，但貓的胰臟炎發生原因跟機制就比較複雜，甚至查不到原因。主要是因為貓的解剖構造造成相近器官間的發炎反應。最常見的，貓的胰臟炎甚至會跟膽管炎，以及腸道發炎症候群 (Inflammatory bowel disease) 一起稱之為三腺炎 (Triaditis)。

◆ 食材預防胰臟炎

犬與貓的預防胰臟炎飲食是有差異的。愈來愈多文獻證明，犬與人類吃相似的飲食，是可以預防胰臟炎，甚至預防因胰臟炎引起的繼發糖尿病。

犬的胰臟炎

須禁食，也可以採用低脂肪，低碳水化合物與優質蛋白質的食物。

▨ 貓的胰臟炎

　　怕禁食引起脂肪肝及飲食中不需要限制脂肪。所以最近幾年的獸醫學報告採用的處理方式是與犬完全相反建議。在貓的部分則需要根據疾病的可能成因採取胃腸道或者肝臟的相應處方飼料。

　　犬貓的飼糧，特別在胰臟炎有相當大的飲食差異，所以不可把你的犬跟貓的飼料給另一隻貓或犬吃，畢竟，犬與貓營養需求的差異性很大。

SECTION 06 / 心臟病

　　對貓來說，腎臟疾病比犬多更多；但對犬來說，心臟疾病的比例則是高於貓。特別是純種小型犬的瓣膜性疾病，以及因為心絲蟲感染所造成的後續心臟病變。

◆ 心臟病常見的症狀

　　除了咳嗽、運動不耐、喘，還有因為腹水造成的腹圍變大等，而最好確診的方式就是心臟超音波、心電圖和 X 光。

　　當牛磺酸缺乏時，會造成犬貓的擴張性心肌病，所以犬貓飼料，特別是心臟病處方跟貓飼料都會添加牛磺酸。

◆ 食材預防心臟病

　　建議低鈉，以及好的蛋白質，並添加 Omega 3 與牛磺酸。

/ 泌尿道疾病

特定品種的犬貓，容易會有結石的問題。

▨ 犬：西施、約克夏、雪納瑞都是易結石的品種。

▨ 貓：因為公貓本身的泌尿道較小，加上貓本身天性就不愛喝水，所以有時根本不需要有結石就會尿不出來。加上公貓結紮後更容易肥胖，或是結紮過的過胖公貓，都有機會幫公貓導尿，如果狀況嚴重，甚至需要切掉公貓陰莖做尿道造口。

◆ 食材預防泌尿疾病

大部分的犬貓遇到的泌尿道疾病都是常見的結石種類，除了市面上都有處方飼料提供貓預防下泌尿道疾病及預防犬結石外，也有使用尿路酸化劑來預防結石的方法。

但尿道結石與泌尿道疾病成因很多，所以不建議沒經過獸醫師尿液檢查或結石檢查就選用泌尿道預防的飼料，因為犬貓泌尿系統解剖特性差異及動物品種不同，好發的結石種類會有差異。

所以在食物上，最好的泌尿道結石與疾病的預防方法就是多喝水，或者在準備飼糧時含多一點的水。

/ 肥胖

肥胖這類名詞不單只用於人類身上，在共病的時代，肥胖也是犬貓健康的殺手。肥胖是一種代謝性症候群的表徵，從過去到現在，許多動物受肥胖的折磨，但犬貓不會言語表達，所以主人更需要了解動物的肥胖定義，來維持犬貓健康，而會容易造成肥胖的犬貓大部分都在年長期，且雌性犬貓肥胖比例高於雄性，但除了這類因素外，就是給予太高熱量或過度餵食，造成營養過剩又缺乏運動造成的，下列圖表可以從身體狀況評分系統（Body Condition System）以 9 級分法，最理想體態為 4 至 5 級分。

過瘦

1 從遠方即可明顯看到肋骨、腰椎以及其他部位的骨頭,明顯看不出身體脂肪且肌肉明顯消瘦。

2 可輕易看見肋骨、腰椎,以及其他部位的骨頭,以觸摸法無法摸到皮下脂肪,肌肉漸漸消失。

3 以觸摸法可摸到肋骨,脂肪部分看的出來但無法摸到,腰部及腹部有明顯凹陷的狀況。

理想體態

4 以觸摸法可摸到肋骨,皮下脂肪有非常少量包覆身體,從上往下看可觀察犬腰部線條,腹部亦明顯內縮。

5 以觸摸法可摸到肋骨,沒有過多的脂肪包覆身體,從上往下看可觀察犬腰部緊連結於肋骨,從側面觀察可看出腹部內縮。

6 以觸摸法可摸到肋骨有稍微多的脂肪包覆身體,上往下看可觀察犬腰部較無腰部線條,但腹部還可以看到內縮。

過胖

7 以觸摸法較無法輕易摸到肋骨,腰部以及尾巴底部有明顯的脂肪堆積,腰部還可以隱約看到,但不明顯,腹部還有可能觀察的到內縮。

8 以觸摸法已無法摸到肋骨,或須非常用力才有辦法摸到肋骨,腰部及尾巴底部有大量脂肪堆積,腰部已無法看到,腹部則可能明顯變大。

9 胸部、脊椎及尾巴底部有非常大量的脂肪推積,腰部、胸部內縮處已消失,頸部及四肢也有脂肪推積情形,腹部則明顯變大且下垂。

過瘦

1
以短毛貓為例,從正面及側面用眼睛觀察,可明顯看到肋骨,且腹部明顯內縮並嚴重缺乏肌肉,以觸摸法無法摸到脂肪。

2
以短毛貓為例,可輕易看到肋骨、腰椎等骨盤,身體少量肌肉包覆住,腹部內縮。

3
以短毛貓為例,可容易摸到肋骨但看不到,身體及腰部非常少量脂肪包覆,腰部明顯,腹部內縮。

理想體態

4
以短毛貓為例,可摸到肋骨,身體及腰部有少量脂肪包覆,腹部內縮但未有脂肪墊。

5
以短毛貓為例,體態非常均勻,可摸到肋骨,身體有少量脂肪包覆,且腹部有非常少量脂肪墊。

過胖

6
可摸到肋骨,但有稍多脂肪包覆,腰部及腹部少量脂肪墊,腹部內縮。

7
摸不太到肋骨,且有中度的脂肪包覆,腰部已不明顯,腹部有稍微外擴,且有中度脂肪墊。

8
摸不到肋骨,且有重度脂肪包覆,腰部完全看不出來,腹部明顯外擴,且有重度脂肪墊。

9
摸不到肋骨,且有非常重度脂肪包覆,腰椎、四肢及腹部有重度脂肪堆積,腹部非常明顯外擴。

◆ 犬貓每日需求計算方法

　　每隻犬貓的理想體重均不相同，因此在挑選任何的飼糧，都須計算犬貓的每日所需熱量，藉此了解每日攝取多少熱量，來維持良好的體態，當然也讓犬貓可以遠離疾病，以下是熱量需求計算方式：

計算公式 CALCULATION FORMULA

1

RER（Resting Energy Requirement）

靜止時基礎能量需求 =70×體重(Kg)$^{0.75}$

　　RER 是只寵物在靜止或休息的，為維持身體基礎代謝運作時所需的熱量，以上述方式求得數值後，再算出 DER（Day Energy Requirement）每日所需熱量需求（Kcal）。

2

DER（Day Energy Requirement）每日所需熱量需求（Kcal）

=RER（靜止時基礎能量需求）×DER（每日所需熱量需求）

範例 EXAMPLE

　　假設有隻柴犬，年紀兩歲，體重 13 公斤，高活動量。

STEP 1

先求得 RER =70× 體重（Kg）$^{0.75}$

RER=70×130.75=476Kcal（靜止時所需熱量需求）

STEP 2

再依步驟 1 求得熱量算出 DER=RER X DER（每日熱量需求）

DER=476 Kcal×2.0-5.0=952 Kcal ～ 2380 Kcal

貓的能量需求係數	
階段狀態	需求係數
幼貓	RER×2.5
未絕育成貓	RER×1.4
已絕育成貓	RER×1.2
肥胖／低活動量成貓	RER×1.0
需減重成貓	RER×0.9 ～ 1.0 來達到理想體重
懷孕中母貓	RER×1.6 ～ 2.0
哺乳中母貓	RER×2.0 ～ 6.0

犬的能量需求係數	
階段狀態	需求係數
出生至 4 個月幼犬	RER×3
4 個月齡幼犬以上至成犬	RER×2
未絕育成犬	RER×1.8
已絕育成犬	RER×1.6
肥胖／低活動量成犬	RER×1.2 ～ 1.4
需減重成犬	RER×1.0 來達到理想體重
需增重成犬	RER×1.2 ～ 1.8 來達到理想體重
工作／高活動量成犬	RER×2.0 ～ 5.0

◆ 肥胖可能造成的其他病症

隨著動物的飲食趨向於現代化，包含高熱量、高脂肪及高碳水化合物的飲食，但相關病症也伴隨而來，其中最明顯的是肥胖，而肥胖是代謝性症候群的一環，此類症狀包括高血壓、高血糖症、肥胖，有代謝症候群也增加糖尿病及心血管疾病的風險，因此在毛孩的肥胖管理上須非常重視。

◆ 食材預防肥胖

預防肥胖或減肥計畫的方法是降低熱量的攝取，且又增加熱量的消耗。

▨ 降低熱量的攝取

在食材中以高膳食纖維、低脂肪，及低碳水化合物為首要選擇，例如：高膳食纖維餵食（地瓜、南瓜、蘋果、紅蘿蔔）增加犬貓的飽足感，以減輕肚子餓所增加的壓力。

▨ 增加熱量的消耗

增加優質蛋白質（雞胸肉、雞蛋、免疫球蛋白）來維持體內肌肉含量，以增加身體的基礎代謝。

工具介紹

炒菜鍋

烹煮料理。

電鍋

烹煮料理。

湯鍋

烹煮料理。

磅秤

秤量食材重量。

濾網

過濾食材。

削皮器

削去食材外皮。

夾子

夾取食材。

菜刀

剁、切食材。

砧板

剁切食材時使用，以保護桌面。

鍋鏟

炒拌各式食材，使它們均勻混合。

筷子

炒拌各式食材，使它們均勻混合。

湯匙

攪拌或用來輔助製作丸狀料理。

隔熱手套

隔絕熱源，不被煮食的器具燙傷。

塑膠袋

盛裝液體狀材料時使用，如：優格。

剪刀

分剪食材。

食材處理

SECTION 01 / 肉類、魚類

◆ 切塊

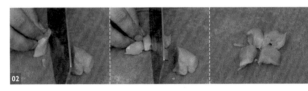

01 將肉分切一大塊。　**02** 將肉塊分切成½後，再切成¼，直到所須的大小。

◆ 剁成泥

◆ 切片

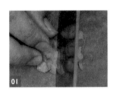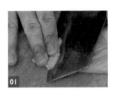

01 先將肉塊切成小塊後，以刀鋒剁成泥狀。　**02** 如圖，肉泥完成。

01 將刀以45°角斜切入肉中，並切下來。　**02** 重複步驟1，依序切片，直至需要的數量。

SECTION 02 / 根莖類

◆ 切丁

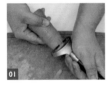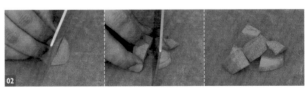

01 將根莖類植物的皮削掉。　**02** 將根莖類植物分切一大塊後，先切成½後，再切成¼，直到所須的大小。

◆ 切絲

01 將根莖類植物切小片。

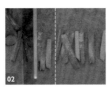

02 以刀切成細長條狀，切至需要的數量。

◆ 切末

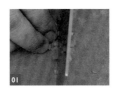

01 先將根莖類植物切成條狀後，擺橫，並切末。

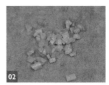

02 重複步驟1，以刀切成末，切至需要的數量。

SECTION 03 / 其他食材處理

◆ 苦瓜處理

01 以菜刀切除苦瓜蒂頭。

02 將苦瓜對切成½。

03 以湯匙將苦瓜中心的籽挖除，即完成苦瓜處理。

◆ 煮熟糙米

01 將水倒入糙米中。
TIP. 糙米須先洗淨，水與糙米比例約 1.5：1。

02 先將糙米水放入電鍋中後，外鍋倒入一碗水。

03 蓋上電鍋蓋後，按下電源鍵。

04 待電源鍵跳起後，取出煮熟糙米，即可使用。

| SALADS & SNACKS
沙拉、小食 | STAPLE FOOD
主食 | MEAT
肉類 | SOUP
湯品 |

本章節食譜為「六個月大以上」的貓咪可食用。

猫鮮食食譜大全

CAT
FRESH FOOD
RECIPES

沙拉、小食 01

NUTRITION SCALE 營養量表

熱量（Kcal）	198.2		灰份	2.61%
粗蛋白	44.49%		鈣	1.54%
粗脂肪	40.96%		磷	1.20%
碳水化合物	8.50%		鈣磷比	1：1.28
膳食纖維	0.52%		水分（ml）	65.82

INGREDIENTS 材料

① 牛五花肉（切片）
⋯⋯⋯⋯⋯⋯ 70g
② 苦瓜（切小丁）⋯ 2g
③ 蘆筍（切小丁）⋯ 2g
④ 紅蘿蔔（切小丁） 3g
⑤ 鈣 ⋯⋯⋯⋯ 230mg
⑥ 牛磺酸 ⋯⋯ 250mg
⑦ 橄欖油 ⋯⋯⋯⋯ 5g
⑧ 優格 ⋯⋯⋯⋯ 15g

STEP BY STEP 步驟

😺 前置作業

01　將牛五花肉切片，苦瓜、蘆筍、紅蘿蔔切小丁，備用。

😺 烹煮

02　將水煮滾後，加入牛五花肉片，川燙至熟後，取出備用。

03　將苦瓜丁、蘆筍丁、紅蘿蔔丁，川燙至熟。

04　將鍋內食材撈起後，瀝乾水分，為川燙蔬菜，備用。

😺 組合

05　將牛五花肉片、川燙蔬菜盛盤。

06　加入鈣、牛磺酸、橄欖油、優格，即可享用。

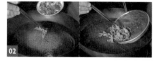

😺 牛五花肉。

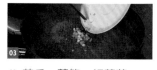

😺 苦瓜、蘆筍、紅蘿蔔。

😺 撈起，瀝乾。

😺 盛盤。

😺 鈣、牛磺酸、橄欖油、優格。

鮭魚蛋沙拉

沙拉、小食 O2

NUTRITION SCALE 營養量表

熱量（Kcal）	190.6		灰份	3.20%
粗蛋白	53.12%		鈣	1.20%
粗脂肪	37.27%		磷	1.03%
碳水化合物	3.40%		鈣磷比	1：1.16
膳食纖維	0.57%		水分（ml）	72.37

INGREDIENTS （材料）

① 鮭魚（切小丁）···· 70g
② 鵪鶉蛋（切片）···· 20g
③ 甜椒（切小丁）···· 5g
④ 秋葵（切片）········· 3g
⑤ 牛磺酸 ········ 250mg
⑥ 鈣 ·············· 230mg

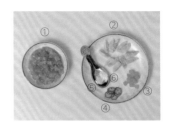

STEP BY STEP （步驟）

🐾 前置作業

01 將鵪鶉蛋煮熟後剝殼，或購買水煮熟鵪鶉蛋。

02 將鮭魚、甜椒切小丁，秋葵、鵪鶉蛋切片，備用。

🐾 烹煮

03 將水煮滾後，加入鮭魚丁，川燙至熟後，取出備用。

04 將甜椒丁、秋葵片，川燙至熟。

05 將鍋內食材撈起後，瀝乾水分，為川燙蔬菜，備用。

🐾 組合

06 將鮭魚丁、川燙蔬菜盛盤。

07 以鵪鶉蛋片裝飾盤邊，並撒上牛磺酸、鈣，即可享用。

🐾 鮭魚。

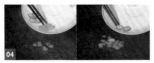
🐾 甜椒、秋葵。

🐾 撈起，瀝乾。

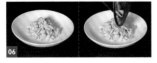
🐾 鮭魚、川燙蔬菜。

🐾 擺盤。

Beef Roll

牛肉捲

沙拉、小食　03

NUTRITION SCALE 　營養量表

熱量（Kcal）	206.3		灰份	2.48%
粗蛋白	45.74%		鈣	1.12%
粗脂肪	43.98%		磷	0.97%
碳水化合物	4.37%		鈣磷比	1：1.15
膳食纖維	1.17%		水分（ml）	67.31

INGREDIENTS 材料

① 牛五花肉片 …… 80g
② 紅蘿蔔（切條）… 10g
③ 蘆筍（切段）…… 10g
④ 牛磺酸 …… 250mg
⑤ 鈣 …………… 230mg

STEP BY STEP 步驟

🐾 前置作業

01　將紅蘿蔔切條，蘆筍切段，備用。

🐾 烹煮

02　將水煮滾後，放入紅蘿蔔條、蘆筍段，川燙至熟後，取出備用。

🐾 組合

03　將牛五花肉片攤平擺放。

04　在右側放上紅蘿蔔條、蘆筍段，為內餡。

05　將牛五花肉片向內捲，並包起內餡，為牛肉捲。

06　將水煮滾後，放入牛肉捲煮至熟，取出瀝乾。

07　盛盤後，撒上牛磺酸、鈣，即可享用。

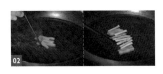

🐾 紅蘿蔔、蘆筍。

🐾 攤平擺放。

🐾 放上內餡。

🐾 牛肉捲。

🐾 水煮，取出。

🐾 牛磺酸、鈣。

Double Fresh Golden Pill

雙鮮黃金丸

NUTRITION SCALE 營養量表

熱量（Kcal）	193		灰份	2.45%
粗蛋白	50.42%		鈣	1.45%
粗脂肪	41.03%		磷	1.23%
碳水化合物	1.75%		鈣磷比	1：1.17
膳食纖維	1.62%		水分（ml）	64.95

INGREDIENTS 材料

① 雞絞肉 ……………… 56g
② 鮭魚（剁成泥）……… 10g
③ 南瓜（切小丁）…… 20g
④ 雞肝（剁成泥）……… 2g
⑤ 鈣 ……………… 230mg
⑥ 牛磺酸 ……… 250mg
⑦ 橄欖油 …………… 10g

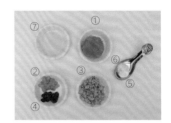

STEP BY STEP 步驟

🐾 前置作業

01　將雞肝、鮭魚剁成泥，備用。

02　將南瓜切小丁，備用。

🐾 烹煮、盛盤

03　取一容器，放入雞絞肉、南瓜丁、雞肝泥、鮭魚泥。

04　撒上鈣、牛磺酸，拌勻，為肉漿。

05　將肉漿用手取出，揉捏成丸狀，為雙鮮黃金丸。

06　甩打雙鮮黃金丸，以將空氣排出，使口感更紮實。

07　將雙鮮黃金丸分成兩等分。

08　將水煮滾後，放入雙鮮黃金丸煮至熟，取出。

09　盛盤，淋上橄欖油，即可享用。

🐾 雞絞肉、南瓜、雞肝、鮭魚。　　　　　🐾 鈣、牛磺酸，拌勻。

🐾 取出。　🐾 甩打。　🐾 兩等分。　🐾 水煮。　🐾 橄欖油。

Pet Mapo Tofu

寵物麻婆豆腐

沙拉、小食 O5

NUTRITION SCALE 營養量表

熱量 (Kcal)	206.9		灰份	2.59%
粗蛋白	45.50%		鈣	1.58%
粗脂肪	40.52%		磷	1.21%
碳水化合物	5.56%		鈣磷比	1：1.3
膳食纖維	2.86%		水分 (ml)	66.8

INGREDIENTS 材料

① 紅蘿蔔（切小丁）
　　................ 10g
② 蘆筍（切小丁）...... 1g
③ 牛五花肉（切小塊）
　　................ 75g
④ 雞肝 5g
⑤ 豆腐（切小丁）... 10g
⑥ 牛磺酸 250mg
⑦ 鈣 230mg

STEP BY STEP 步驟

🐾 前置作業

01 將牛五花肉切小塊；豆腐、蘆筍、紅蘿蔔切小丁，備用。

🐾 烹煮

02 將水煮滾後，放入紅蘿蔔丁、蘆筍丁，川燙至熟後，取出備用。

03 放入牛五花塊川燙後，取出備用。

04 放入雞肝川燙後，取出備用。

🐾 組合

05 將牛五花肉塊、雞肝盛盤。

06 放入牛磺酸、鈣、紅蘿蔔丁、豆腐丁、蘆筍丁，即可享用。

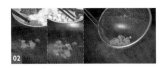
🐾 紅蘿蔔、蘆筍。

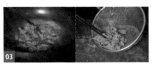
🐾 牛五花肉。

🐾 雞肝。

🐾 盛盤。

🐾 牛磺酸、鈣、紅蘿蔔、豆腐、蘆筍。

鮮魚豆腐塔

Fresh Fish Tofu Tower

NUTRITION SCALE 營養量表

熱量（Kcal）	233.8		灰份	2.31%
粗蛋白	37.47%		鈣	1.13%
粗脂肪	52.01%		磷	1.00%
碳水化合物	5.05%		鈣磷比	1：1.13
膳食纖維	0.89%		水分（ml）	55.4

INGREDIENTS （材料）

① 櫛瓜（切小丁）… 10g
② 鮪魚（市售罐頭）
　　　　　　　　70g
③ 蘋果（切小丁）… 10g
④ 豆腐（切小丁）… 10g
⑤ 鈣 …………… 230mg
⑥ 牛磺酸 ……… 250mg
⑦ 雞肝（切小丁）… 2g

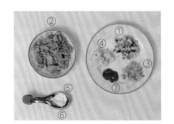

STEP BY STEP （步驟）

🐾 前置作業

01　將櫛瓜、豆腐、蘋果、雞肝切小丁，備用。

🐾 烹煮

02　將水煮滾後，放入櫛瓜丁，川燙至熟後，取出備用。

03　加入雞肝丁川燙，取出備用。

🐾 組合

04　取一容器，放入櫛瓜丁、鮪魚、蘋果丁、豆腐丁。

　　TIP. 選購鮪魚罐頭時，須選擇水煮鮪魚或貓罐頭，因油浸鮪魚不適合寵物食用。

05　放入鈣、牛磺酸，拌勻。

06　加入雞肝丁，拌勻，即為鮮魚豆腐。

07　將鮮魚豆腐填入造型容器中，並以湯匙背面壓實。

08　將造型容器倒扣到盤中後，即可享用。

🐾 櫛瓜。

🐾 雞肝。

🐾 櫛瓜、鮪魚、蘋果、豆腐。

🐾 鈣、牛磺酸，拌勻。

🐾 雞肝。

🐾 造型容器。

茅屋起司

Cottage Cheese

沙拉、小食 07

NUTRITION SCALE 營養量表

熱量 (Kcal)	369.5		灰份	6.24%
粗蛋白	22.05%		鈣	0.40%
粗脂肪	27.52%		磷	0.33%
碳水化合物	43.28%		鈣磷比	1：1.21
膳食纖維	0.33%		水分 (ml)	60

INGREDIENTS 材料

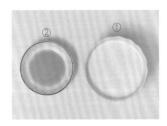

① 牛奶 ⋯⋯⋯⋯⋯ 250g
② 檸檬汁 ⋯⋯⋯⋯⋯ 10g

STEP BY STEP 步驟

01 　將牛奶倒入鍋中，以70℃（為巴士德殺菌法的溫度）加熱至表面出現小泡沫。
　　TIP. 勿將牛奶煮滾，以免影響成功率。

02 　倒入檸檬汁，拌勻。

03 　以濾網為輔助，濾出乳清，即可享用。
　　TIP. 可以湯匙加壓，以輔助過濾。

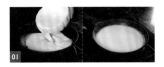

🐾 牛奶。

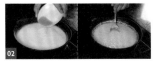

🐾 檸檬汁。

🐾 過濾。

丁香魚雞肉餐

Clove Fish And Chicken Meal

主食 08

NUTRITION SCALE 營養量表

熱量 (Kcal)	155		灰份	4.10%
粗蛋白	69.50%		鈣	0.95%
粗脂肪	21.90%		磷	0.85%
碳水化合物	2.40%		鈣磷比	1：1.17
膳食纖維	0.15%		水分 (ml)	69

INGREDIENTS 材料

① 小黃瓜（切絲）……2g
② 小魚乾 ……………3g
③ 雞肝（切小丁）……2g
④ 雞胸肉（切塊）
　　……………………85g
⑤ 番茄（切小丁）……2g
⑥ 雞油 ………………5g
⑦ 牛磺酸 ………250mg
⑧ 鈣 …………230mg

STEP BY STEP 步驟

🐾 前置作業

| 01　將雞胸肉切塊；番茄、雞肝切小丁；小黃瓜切絲，備用。

🐾 烹煮

| 02　將水煮滾後，放入小黃瓜絲、小魚乾、雞肝丁、雞胸肉塊，川燙至熟。

| 03　將鍋內食材撈起，瀝乾，為川燙食材，備用。

🐾 組合

| 04　將川燙食材盛碗，放入番茄丁、雞油、鈣、牛磺酸，拌勻，即可享用。

🐾 小黃瓜、小魚乾、雞肝、雞胸肉。　　🐾 撈起，瀝乾。

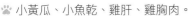

🐾 川燙食材、番茄、雞油、鈣、牛磺酸，盛碗後拌勻。

古典約克漢堡餐

NUTRITION SCALE 營養量表

熱量（Kcal）	188	灰份	2.82%
粗蛋白	54.81%	鈣	0.77%
粗脂肪	37.53%	磷	0.58%
碳水化合物	2.79%	鈣磷比	1：1.33
膳食纖維	0.64%	水分（ml）	66

主食 09

INGREDIENTS 材料

① 雞胸肉（剁成泥）
　　…………………… 70g
② 雞肝（切小丁）…… 1g
③ 花椰菜（切末）…… 6g
④ 番茄（切小丁）…… 1g
⑤ 雞蛋（打散）…… 10g
⑥ 牛磺酸 …… 250mg
⑦ 鈣 …… 230mg
⑧ 雞油 …… 10g

STEP BY STEP 步驟

🐾 前置作業

01　將雞胸肉剁成泥；花椰菜切末；番茄、雞肝切小丁，備用。

02　將雞蛋打散，為蛋液，備用。

🐾 烹煮

03　取一容器，加入雞胸肉泥、雞肝丁、花椰菜末、番茄丁。

04　加入蛋液、牛磺酸、鈣，拌勻，為漢堡肉。

05　熱鍋後，倒入雞油。

06　甩打漢堡肉，將空氣排出，以使口感更紮實。

07　將漢堡肉放入鍋中，煎至熟且雙面金黃後，盛碗，即可享用。
　　TIP. 可以筷子為輔助，將漢堡立起後，將側邊煎至熟。

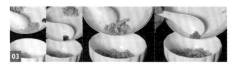

🐾 雞胸肉、雞肝、花椰菜、番茄。

🐾 雞蛋、牛磺酸、鈣，拌勻。

🐾 雞油。

🐾 甩打。

🐾 煎熟。

紫芋地瓜燉豆飯

Purple Jade Sweet Potato Stewed Bean Rice

主食 10

NUTRITION SCALE 營養量表

熱量（Kcal）	196		灰份	3.09%
粗蛋白	47.03%		鈣	1.28%
粗脂肪	36.34%		磷	0.94%
碳水化合物	9.47%		鈣磷比	1：1.37
膳食纖維	1.68%		水分（ml）	67.71

INGREDIENTS 材料

① 紫地瓜（切小丁）⋯⋯⋯ 5g
② 紅蘿蔔（切小丁）⋯⋯⋯ 5g
③ 毛豆仁 ⋯⋯⋯⋯⋯⋯⋯ 3g
④ 高麗菜（切絲）⋯⋯⋯⋯ 5g
⑤ 豬里肌肉（剁成絞肉）
⋯⋯⋯⋯⋯⋯⋯⋯⋯⋯ 80g

⑥ 橄欖油 ⋯⋯⋯⋯⋯ 1g
⑦ 雞肝 ⋯⋯⋯⋯⋯⋯ 2g
⑧ 鈣 ⋯⋯⋯⋯ 230mg
⑨ 牛磺酸 ⋯⋯ 250mg

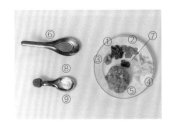

STEP BY STEP 步驟

🐾 前置作業

01 將高麗菜切絲；紅蘿蔔、紫地
瓜切小丁；豬里肌肉剁成絞肉，
備用。

🐾 烹煮

02 將水煮滾後，放入紫地瓜丁、紅
蘿蔔丁、毛豆仁、高麗菜絲川
燙後，瀝乾，為川燙蔬菜，備
用。

03 將豬里肌絞肉、雞肝，川燙至
熟後，撈起，瀝乾，為川燙肉
品，備用。

🐾 組合

04 將川燙蔬菜、川燙肉品盛碗。

05 加入鈣、牛磺酸、橄欖油，拌
勻，即可享用。

🐾 紫地瓜、紅蘿蔔、毛豆仁、高麗菜。

🐾 豬里肌肉、雞肝。

🐾 鈣、牛磺酸、橄欖油，拌勻。

和風親子丼

Japanese Style Parent-Child Don

主食 11

NUTRITION SCALE 營養量表

熱量（Kcal）	202	灰份	3.12%
粗蛋白	56.22%	鈣	0.70%
粗脂肪	34.78%	磷	0.59%
碳水化合物	3.71%	鈣磷比	1：1.19
膳食纖維	0.80%	水分（ml）	69

INGREDIENTS 材料

① 雞胸肉（切塊）　73g
② 雞肝（切小丁）　10g
③ 雞油　10g
④ 雞蛋（打散）　10g
⑤ 鈣　230mg
⑥ 牛磺酸　250mg
⑦ 海苔（剪絲）　1g

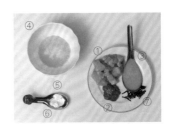

STEP BY STEP 步驟

🐾 前置作業

01　將雞胸肉切塊；雞肝切小丁，備用。

02　將雞蛋打散，為蛋液，備用。

03　以剪刀將海苔剪成絲，備用。

🐾 烹煮

04　將水煮滾後，放入雞胸肉塊、雞肝丁，川燙至熟後，撈起，瀝乾，備用。

05　在蛋液中加入鈣、牛磺酸後，拌勻。

06　熱鍋後，先加入雞油，待油溫升高後，再倒入蛋液，煎至半凝固狀後取出。

🐾 組合

07　將雞胸肉塊、雞肝丁盛碗後，放上半凝固的蛋。

08　淋上鍋中的雞油。

09　撒上海苔絲，即可享用。

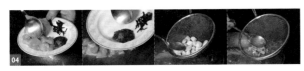

🐾 雞胸肉、雞肝；撈起，瀝乾。

🐾 鈣、牛磺酸。

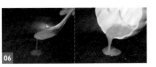

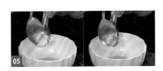

🐾 雞油、雞蛋。　🐾 盛碗。　🐾 雞油。　🐾 海苔。

海鮮牛肉大阪燒

Seafood Beef Okonomiyaki

主食 12

NUTRITION SCALE 營養量表

熱量 (Kcal)	220.8		灰份	3.47%
粗蛋白	43.50%		鈣	1.17%
粗脂肪	36.85%		磷	0.93%
碳水化合物	11.48%		鈣磷比	1：1.26
膳食纖維	2.41%		水分 (ml)	74.2

INGREDIENTS 材料

① 牛五花肉（剁成泥）
　　　　　　　　60g
② 雞蛋（打散）　20g
③ 蝦仁（切小丁）　10g
④ 雞肝（切小丁）　5g
⑤ 山藥（切末）　10g
⑥ 橄欖油　　　　1g
⑦ 優格　　　　　5g
⑧ 牛磺酸　　　250mg
⑨ 鈣　　　　　230mg
⑩ 柴魚片　　　0.5g
⑪ 海苔（剪絲）　0.5g

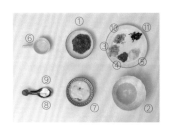

STEP BY STEP 步驟

🐾 前置作業

01 將牛五花肉剁成泥；山藥切末；蝦仁、雞肝切小丁，備用。

02 將雞蛋打散，為蛋液，備用。

03 以剪刀將海苔剪成絲，備用。

🐾 烹煮、組合

04 取一容器，放入牛五花肉泥、蛋液、蝦仁丁、雞肝丁、山藥末，拌勻，為海鮮牛肉漿，備用。

05 熱鍋後，先加入橄欖油，待油溫升高後，再加入海鮮牛肉漿。

06 以湯匙為輔助將海鮮牛肉漿整形，煎至雙面金黃，為海鮮牛肉大阪燒，取出盛盤。

07 將優格裝入三明治袋中後，綁緊尾端。

08 以剪刀將三明治袋尖端平剪，再將優格擠在海鮮牛肉大阪燒上。

09 加入牛磺酸、鈣、柴魚片、海苔絲，即可享用。

🐾 牛五花肉、雞蛋、蝦仁、雞肝、山藥，拌勻。

🐾 橄欖油、海鮮牛肉漿。

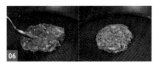

🐾 整形，煎至金黃。

🐾 裝入袋中。

🐾 優格。

🐾 牛磺酸、鈣、柴魚、海苔。

NUTRITION SCALE 營養量表

熱量 (Kcal)	182.8		灰份	2.85%
粗蛋白	49.47%		鈣	1.64%
粗脂肪	33.65%		磷	1.40%
碳水化合物	8.41%		鈣磷比	1：1.18
膳食纖維	2.40%		水分 (ml)	69.3

INGREDIENTS 材料

① 紅豆⋯⋯⋯⋯⋯3g
② 牛蒡（切絲）⋯⋯2g
③ 花椰菜（切小朵）5g
④ 鴨肉（切小塊）75g
⑤ 雞肝（切小塊）⋯5g
⑥ 牛油⋯⋯⋯⋯10g
⑦ 鈣⋯⋯⋯⋯230mg
⑧ 牛磺酸⋯⋯250mg

STEP BY STEP 步驟

🐾 前置作業

01　將鴨肉、雞肝切小塊；花椰菜切小朵；牛蒡切絲，備用。

🐾 烹煮、組合

02　將水煮滾後，放入紅豆、牛蒡絲、小朵花椰菜、鴨肉塊、雞肝塊，川燙至熟。

03　將鍋內食材撈起，瀝乾，盛碗。

04　加入牛油、鈣、牛磺酸，拌勻後，即可享用。

🐾 紅豆、牛蒡、花椰菜、鴨肉、雞肝。

🐾 撈起，瀝乾，盛碗。　　🐾 牛油、鈣、牛磺酸，拌勻

田園南瓜雞

Garden Pumpkin Chicken

肉類 14

NUTRITION SCALE 營養量表

熱量（Kcal）	206.8		灰份	2.71%
粗蛋白	50.48%		鈣	1.08%
粗脂肪	38.22%		磷	0.87%
碳水化合物	5.11%		鈣磷比	1：1.24
膳食纖維	1.41%		水分（ml）	63.68

INGREDIENTS （材料）

① 南瓜（切小丁）.. 5g
② 毛豆仁 6g
③ 雞胸肉（切小塊）....................................... 70g
④ 雞肝（切小塊）... 5g
⑤ 鈣 230mg
⑥ 牛磺酸 250mg
⑦ 雞油 12g

STEP BY STEP （步驟）

🐾 前置作業

01　將雞胸肉、雞肝切小塊；南瓜切小丁，備用。

🐾 烹煮、組合

02　將水煮滾後，放入南瓜丁、毛豆仁、雞胸肉塊、雞肝塊，川燙至熟。

03　將鍋內食材撈起，瀝乾，盛碗。

04　撒上鈣、牛磺酸後，淋上雞油，即可享用。

🐾 南瓜、毛豆仁、雞胸肉、雞肝。

🐾 撈起，瀝乾。

🐾 鈣、牛磺酸、雞油。

Pan Fried Tender Chicken

香煎嫩雞

肉類 15

NUTRITION SCALE 營養量表

熱量（Kcal）	192		灰份	0.13%
粗蛋白	50.49%		鈣	1.15%
粗脂肪	37.16%		磷	0.89%
碳水化合物	6.23%		鈣磷比	1：1.29
膳食纖維	2.72%		水分（ml）	65.99

INGREDIENTS （材料）

① 雞油 ············ 11g
② 雞胸肉 ········· 70g
③ 花椰菜 ··········· 5g
④ 南瓜（切小丁）· 10g
⑤ 雞肝 ············· 2g
⑥ 牛磺酸 ······ 250mg
⑦ 鈣 ············ 230mg

STEP BY STEP （步驟）

🐾 前置作業

01　將南瓜切小丁，備用。

🐾 烹煮、盛盤

02　熱鍋後，先加入雞油，待油溫升高後，再放入雞胸肉。

03　加入南瓜丁、花椰菜、雞肝，煎至熟。

04　將雞胸肉煎至熟且雙面金黃後，將鍋內食材取出，盛盤。

05　撒上鈣、牛磺酸，即可享用。

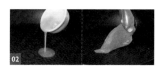

🐾 雞油、雞胸肉。

🐾 南瓜、花椰菜、雞肝。

🐾 雙面金黃，盛盤。

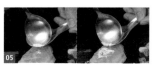

🐾 鈣、牛磺酸。

義式嫩雞

Italian Chicken Stew

肉類 16

NUTRITION SCALE 營養量表

熱量（Kcal）	184.7	灰份	2.23%
粗蛋白	47.32%	鈣	0.65%
粗脂肪	43.30%	磷	0.55%
碳水化合物	4.41%	鈣磷比	1：1.18
膳食纖維	0.55%	水分（ml）	71.09

INGREDIENTS 材料

① 紅蘿蔔（切小丁）10g   ⑤ 雞油 ⋯⋯⋯⋯⋯ 5g

② 芹菜（切段）⋯⋯ 5g   ⑥ 鈣 ⋯⋯⋯⋯ 230mg

③ 雞腿肉（切小塊）75g   ⑦ 牛磺酸 ⋯⋯ 250mg

④ 雞肝（切小塊）⋯ 5g   ⑧ 迷迭香（切碎）0.2g

STEP BY STEP 步驟

🐾 前置作業

01　將紅蘿蔔切小丁；雞腿肉、雞肝切小塊；芹菜切段；迷迭香切碎，備用。

🐾 烹煮、盛盤

02　將水煮滾後，放入紅蘿蔔丁、芹菜段、雞腿肉塊、雞肝塊，川燙至熟。

03　將鍋內食材撈起，瀝乾，盛碗。

04　加入雞油、鈣、牛磺酸，拌勻。

05　盛盤，撒上迷迭香，即可享用。

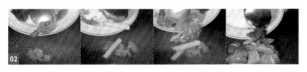

🐾 紅蘿蔔、芹菜、雞腿肉、雞肝。

🐾 撈起，瀝乾。

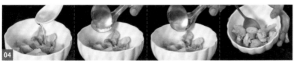

🐾 雞油、鈣、牛磺酸，拌勻。

🐾 迷迭香。

Beef Stew

滑蛋牛肉

肉類 17

NUTRITION SCALE 營養量表

熱量（Kcal）	133.2	灰份	4.15%
粗蛋白	69.91%	鈣	0.77%
粗脂肪	22.72%	磷	0.64%
碳水化合物	1.80%	鈣磷比	1：0.97
膳食纖維	0.64%	水分（ml）	72.25

INGREDIENTS （材 料）

① 牛後腿肉（切塊）
.... 80g
② 雞肝 5g
③ 雞油 1g
④ 雞蛋（打散） 15g
⑤ 鈣 280mg
⑥ 牛磺酸 250mg

STEP BY STEP （步 驟）

🐾 前置作業

01 將牛後腿肉切塊，備用。

02 將雞蛋打散，為蛋液，備用。

🐾 烹煮、盛盤

03 將水煮滾後，放入牛後腿肉塊、雞肝，川燙至熟。

04 將鍋中食材撈起，瀝乾，備用。

05 先將鍋中水倒掉後，熱鍋，加入雞油，待油溫升高後，再放入牛後腿肉塊、雞肝，稍微煎香。

06 在牛後腿肉、雞肝上淋上蛋液，待蛋液稍微凝固後，盛盤。

07 撒上鈣、牛磺酸，即可享用。

🐾 牛後腿肉、雞肝。

🐾 撈起，備用。

🐾 雞油、牛後腿肉、雞肝。

🐾 雞蛋。

🐾 鈣、牛磺酸。

American Slate Steak

美式石板牛排

肉類 18

NUTRITION SCALE 營養量表

熱量（Kcal）	198.3		灰份	2.91%
粗蛋白	45.06%		鈣	1.00%
粗脂肪	35.81%		磷	0.92%
碳水化合物	12.31%		鈣磷比	1：1.08
膳食纖維	1.84%		水分（ml）	81.68

INGREDIENTS 材料

① 牛肉 ⋯⋯⋯⋯⋯⋯⋯⋯⋯⋯⋯⋯⋯⋯⋯ 85g
② 馬鈴薯（切小丁）⋯⋯⋯⋯⋯⋯⋯⋯ 3g
③ 牛磺酸 ⋯⋯⋯⋯⋯⋯⋯⋯⋯⋯⋯⋯⋯ 250mg
④ 鈣 ⋯⋯⋯⋯⋯⋯⋯⋯⋯⋯⋯⋯⋯⋯⋯ 230mg
⑤ 糙米（蒸熟）⋯⋯⋯⋯⋯⋯⋯⋯⋯⋯ 10g

STEP BY STEP 步驟

🐾 前置作業

01　將馬鈴薯切小丁，備用。

02　將糙米蒸熟後，取出備用。

🐾 烹煮、盛盤

03　熱鍋後，放入牛肉、馬鈴薯丁，煎至熟。

04　將牛肉兩面煎至熟後，撒上牛磺酸、鈣。

05　將鍋中食材、熟糙米盛盤，即可享用。

🐾 牛肉、馬鈴薯。

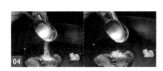

🐾 牛磺酸、鈣。

🐾 糙米。

起司牛肉漢堡排

Cheese Beef Hamburg Steak

肉類 **19**

NUTRITION SCALE 營養量表

熱量（Kcal）	197.8		灰份	2.75%
粗蛋白	44.67%		鈣	0.75%
粗脂肪	41.24%		磷	0.65%
碳水化合物	9.60%		鈣磷比	1：1.15
膳食纖維	0.65%		水分（ml）	64.68

INGREDIENTS 材料

① 牛後腿肉（剁成泥）
·············· 70g
② 茅屋起司 ·············· 5g
（可參考茅屋起司 P.80。）
③ 紅蘿蔔（切末）····· 3g

④ 雞蛋（打散）····· 10g
⑤ 鈣 ·············· 230mg
⑥ 牛磺酸 ····· 250mg
⑦ 雞油 ·············· 10g

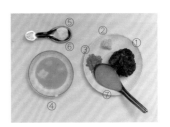

STEP BY STEP 步驟

🐾 前置作業

01　將牛後腿肉剁成泥；紅蘿蔔切末，備用。

02　將雞蛋打散，為蛋液，備用。

🐾 烹煮、盛盤

03　取一容器，放入牛後腿肉泥、茅屋起司、紅蘿蔔末、蛋液，拌勻。

04　加入鈣、牛磺酸，拌勻，為漢堡肉。

05　熱鍋後，先加入雞油，待油溫升高後，再放入漢堡肉後，整形。

06　將漢堡肉煎至熟，盛盤，即可享用。

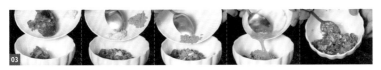

🐾 牛後腿肉、茅屋起司、紅蘿蔔、雞蛋，拌勻。

🐾 鈣、牛磺酸。

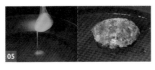

🐾 雞油、漢堡肉。

🐾 煎熟。

法式烤羊排

French Grilled Lamb Chops

肉類 20

NUTRITION SCALE 營養量表

熱量（Kcal）	241.6	灰份	1.80%
粗蛋白	45.84%	鈣	1.33%
粗脂肪	48.23%	磷	1.06%
碳水化合物	1.22%	鈣磷比	1：1.25
膳食纖維	0.32%	水分（ml）	61.34

INGREDIENTS （材 料）

① 羊排 ……………………………………………… 90g
② 番茄（切小丁）……………………………… 3g
③ 花椰菜 …………………………………………… 3g
④ 鈣 …………………………………………………… 230mg
⑤ 牛磺酸 …………………………………………… 250mg

STEP BY STEP （步 驟）

🐾 前置作業

| 01 　將番茄切小丁，備用。

🐾 烹煮、盛盤

02 　熱鍋後，放入羊排、番茄丁乾煎。
　　 TIP. 建議使用不沾鍋，較不易黏鍋。

03 　羊排一面煎至熟後，翻面。

04 　加入花椰菜，煎至熟。

05 　將羊排兩面煎至熟後，將鍋中食材盛盤。

06 　撒上鈣、牛磺酸，即可享用。

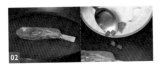　　　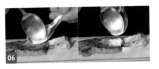

🐾 羊排、番茄。　🐾 翻面。　🐾 花椰菜。　🐾 鈣、牛磺酸。

日式烤豬排

Japanese Style Grilled Pork Chop

肉類 21

NUTRITION SCALE 營養量表

熱量（Kcal）	166.6		灰份	3.50%
粗蛋白	58.82%		鈣	1.26%
粗脂肪	31.93%		磷	1.03%
碳水化合物	2.54%		鈣磷比	1：1.23
膳食纖維	0.75%		水分（ml）	69.34

INGREDIENTS 材料

① 芝麻油 ………… 5g
② 豬里肌肉 ……… 80g
③ 雞肝 …………… 5g
④ 玉米筍 ………… 3g
⑤ 甜椒（切條）…… 5g
⑥ 鈣 …………… 230mg
⑦ 牛磺酸 ……… 250mg
⑧ 白芝麻 ……… 0.5g

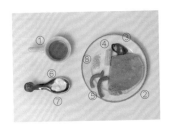

STEP BY STEP 步驟

🐾 前置作業

01 將甜椒切條，備用。

🐾 烹煮、盛盤

02 熱鍋後，先加入芝麻油，待油溫升高後，再放入豬里肌肉、雞肝、玉米筍，
煎至熟。

03 將豬排一面煎至熟後，翻面，加入甜椒條。

04 將豬排兩面煎至熟後，撒上鈣、牛磺酸。

05 將鍋中食材盛盤，撒上白芝麻，即可享用。

🐾 芝麻油、豬里肌肉、雞肝、玉米筍。

🐾 甜椒。

🐾 翻面、鈣、牛磺酸。

🐾 白芝麻。

Thai Style Pork

泰式打拋豬肉

肉類 22

NUTRITION SCALE 營養量表

熱量（Kcal）	181.8		灰份	3.12%
粗蛋白	47.96%		鈣	1.37%
粗脂肪	36.34%		磷	1.12%
碳水化合物	8.09%		鈣磷比	1：1.22
膳食纖維	1.87%		水分（ml）	62.42

INGREDIENTS 材料

① 豬里肌肉（剁成絞肉） ………… 65g
② 南瓜（切小丁） … 10g
③ 番茄（切小丁） … 5g
④ 毛豆仁 ……………… 5g
⑤ 雞肝（切小塊） … 5g
⑥ 鈣 ………………… 230mg
⑦ 牛磺酸 ……… 250mg
⑧ 雞油 …………… 10g

STEP BY STEP 步驟

🐾 前置作業

01 將豬里肌肉剁成絞肉；南瓜、番茄切小丁；雞肝切小塊，備用。

🐾 烹煮、盛碗

02 將水煮滾後，放入豬里肌絞肉、南瓜丁、番茄丁、毛豆仁、雞肝塊，川燙至熟。

03 將鍋內食材撈起，瀝乾，放入容器中。

04 撒上鈣、牛磺酸後，淋上雞油。

05 將所有食材拌勻後，盛碗，即可享用。

🐾 豬里肌肉、南瓜、番茄、毛豆仁、雞肝。

🐾 撈起，瀝乾。

🐾 鈣、牛磺酸、雞油。

🐾 拌勻。

NUTRITION SCALE 營養量表

熱量（Kcal）	171.5	灰份	2.81%
粗蛋白	52.38%	鈣	1.32%
粗脂肪	38.49%	磷	0.97%
碳水化合物	2.93%	鈣磷比	1：1.36
膳食纖維	0.91%	水分（ml）	70.45

INGREDIENTS （材料）

① 雞油 ……………… 10g
② 鴨肉 ……………… 70g
③ 雞肝 ……………… 5g
④ 番茄（切小丁） …… 3g
⑤ 甜椒（切條） …… 5g
⑥ 豌豆 ……………… 3g
⑦ 鈣 ………………… 230mg
⑧ 牛磺酸 ………… 250mg

STEP BY STEP （步驟）

😺 前置作業

| 01　將甜椒切條；番茄切小丁，備用。

😺 烹煮、盛盤

| 02　熱鍋後，先加入雞油，待油溫升高後，再放入鴨肉、雞肝、番茄丁、甜椒條、豌豆，煎至熟。

| 03　將鴨肉一面煎至熟後翻面。

| 04　將鴨肉兩面煎至熟後，撒上鈣、牛磺酸，盛盤，即可享用。

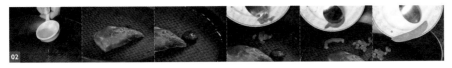

😺 雞油、鴨肉、雞肝、番茄、甜椒條、豌豆。

😺 翻面。　　😺 鈣、牛磺酸。

鴨肉南瓜燉白菜

肉類 24

NUTRITION SCALE 營養量表

熱量（Kcal）	177		灰份	2.97%
粗蛋白	47.98%		鈣	1.41%
粗脂肪	35.58%		磷	1.12%
碳水化合物	8.69%		鈣磷比	1：1.25
膳食纖維	2.07%		水分（ml）	77.45

INGREDIENTS 材料

① 鴨肉（切長條）··· 70g
② 南瓜（切小丁）····· 5g
③ 毛豆仁 ··············· 5g
④ 白菜（切小片）
　　················· 10g
⑤ 雞肝 ··················· 2g
⑥ 橄欖油 ············· 10g
⑦ 鈣 ················ 230mg
⑧ 牛磺酸 ········· 250mg

STEP BY STEP 步驟

🐾 前置作業

01　將鴨肉切長條；白菜切小片；南瓜切小丁，備用。

🐾 烹煮、盛盤

02　將水煮滾後，放入鴨肉條、南瓜丁、毛豆仁、小片白菜、雞肝，川燙至熟。

03　將鍋內食材撈起，瀝乾後，放入任一容器中。

04　在食材上淋上橄欖油後，撒上鈣、牛磺酸，拌勻。

05　盛盤，即可享用。

🐾 鴨肉、南瓜、毛豆仁、白菜、雞肝。

🐾 撈起，瀝乾。

🐾 橄欖油、鈣、牛磺酸，拌勻。

櫛瓜鑲肉

Cucumber With Meat

肉類 25

NUTRITION SCALE 營養量表

熱量（Kcal）	157.4	灰份	3.29%
粗蛋白	51.97%	鈣	1.06%
粗脂肪	37.04%	磷	0.87%
碳水化合物	4.31%	鈣磷比	1：1.22
膳食纖維	1.27%	水分（ml）	72.45

INGREDIENTS （材料）

① 豬里肌肉（剁成絞肉）· 45g
② 紅蘿蔔（切末）············· 5g
③ 雞肝 ··························· 5g
④ 鈣 ·························· 230mg
⑤ 牛磺酸
    ···················· 250mg
⑥ 櫛瓜（切段去籽）
    ····················· 20g

STEP BY STEP （步驟）

😺 前置作業

01 將紅蘿蔔切末；豬里肌肉剁成絞肉，備用。

02 將櫛瓜切段去籽，中間挖空，為櫛瓜圈，備用。

😺 烹煮、組合

03 取一容器，放入豬里肌絞肉、紅蘿蔔末、雞肝。

04 撒上鈣、牛磺酸，拌勻，為內餡。

05 將內餡填入櫛瓜圈中，為櫛瓜鑲肉。

06 將水煮滾後，放入櫛瓜鑲肉煮至熟。

07 取出，放入容器中，即可享用。

😺 豬里肌肉、紅蘿蔔、雞肝。

😺 鈣、牛磺酸，拌勻。

😺 填餡。

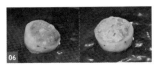

😺 煮熟。

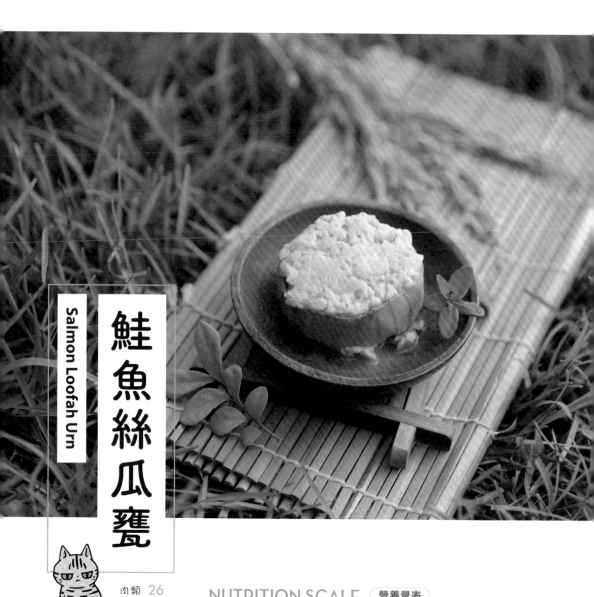

Salmon Loofah Urn

鮭魚絲瓜甕

肉類 26

NUTRITION SCALE　營養量表

熱量（Kcal）	158.3		灰份	3.18%
粗蛋白	51.22%		鈣	1.93%
粗脂肪	34.92%		磷	1.65%
碳水化合物	5.85%		鈣磷比	1：1.17
膳食纖維	1.04%		水分（ml）	79.29

INGREDIENTS （材料）

① 鮭魚（剁成泥）···· 60g
② 雞肝（切小塊）···· 5g
③ 雞蛋（打散）···· 10g
④ 絲瓜（切段去籽） 30g
⑤ 鈣 ············· 230mg
⑥ 牛磺酸 ······· 250mg

STEP BY STEP （步驟）

🐾 前置作業

01 將雞肝切小塊；鮭魚剁成泥，備用。

02 將絲瓜切段去籽，中間挖空，為絲瓜甕，備用。

03 將雞蛋打散，為蛋液，備用。

🐾 烹煮、盛盤

04 取一容器，放入鮭魚泥、雞肝塊、蛋液、鈣、牛磺酸，拌勻，為內餡。

05 將內餡填入絲瓜甕中，為鮭魚絲瓜甕，備用。

06 將水煮滾後，放入鮭魚絲瓜甕煮至熟。

07 盛盤，即可享用。

🐾 鮭魚、雞肝、雞蛋、鈣、牛磺酸，拌勻。

🐾 填餡。　　🐾 水煮。

地中海蔬菜鮭魚湯

Mediterranean Vegetable Salmon Soup

湯品 27

NUTRITION SCALE 營養量表

熱量（Kcal）	199.9		灰份	3.10%
粗蛋白	53.85%		鈣	0.48%
粗脂肪	39.33%		磷	0.51%
碳水化合物	1.77%		鈣磷比	1：0.95
膳食纖維	0.51%		水分（ml）	68.19

INGREDIENTS （材料）

① 水 ·················· 150g
② 鮭魚（切塊）··········· 90g
③ 番茄（切小丁）········· 5g
④ 花椰菜（切小朵）······ 5g
⑤ 迷迭香 ·········· 0.1g
⑥ 雞油 ·············· 5g
⑦ 鈣 ············ 230mg
⑧ 牛磺酸 ·· 250mg

STEP BY STEP （步驟）

🐾 前置作業

01　將鮭魚切塊；番茄切小丁；花椰菜切小朵，備用。

🐾 烹煮、盛碗

02　將水煮滾後，放入番茄丁、鮭魚塊、小朵花椰菜、迷迭香，煮至熟。

03　淋上雞油，加入鈣、牛磺酸。

04　拌勻後，盛碗，即可享用。

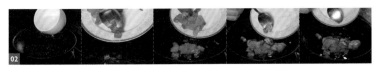

🐾 水、番茄、鮭魚、花椰菜、迷迭香。

🐾 雞油、鈣、牛磺酸。

Fisherman Seafood Soup

漁夫海鮮湯

湯品 28

NUTRITION SCALE 營養量表

熱量（Kcal）	193.1	灰份	3.15%
粗蛋白	52.54%	鈣	0.50%
粗脂肪	38.43%	磷	0.51%
碳水化合物	3.55%	鈣磷比	1：0.98
膳食纖維	0.51%	水分（ml）	68.95

INGREDIENTS （材料）

① 水 ⋯⋯⋯⋯ 150g
② 鯛魚（切塊）⋯ 85g
③ 芹菜（切小段）⋯5g
④ 紅蘿蔔（切小丁）
⋯⋯⋯⋯⋯⋯ 10g
⑤ 迷迭香 ⋯⋯⋯ 0.2g
⑥ 鈣 ⋯⋯⋯⋯ 230mg
⑦ 牛磺酸 ⋯⋯ 250mg

STEP BY STEP （步驟）

🐾 前置作業

| 01 | 將鯛魚切塊；紅蘿蔔切小丁；芹菜切小段，備用。

🐾 烹煮、盛碗

| 02 | 將水煮滾後，放入鯛魚塊、芹菜段、紅蘿蔔丁、迷迭香，煮至滾。

| 03 | 加入鈣、牛磺酸。

| 04 | 拌勻後，盛碗，即可享用。

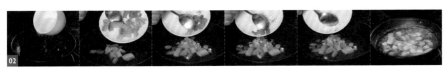

🐾 水、鯛魚、芹菜、紅蘿蔔、迷迭香，煮滾。

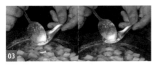

🐾 鈣、牛磺酸。

湯品 29

NUTRITION SCALE 營養量表

熱量 (Kcal)	174		灰份	2.88%
粗蛋白	55.97%		鈣	0.71%
粗脂肪	31.95%		磷	0.61%
碳水化合物	7.07%		鈣磷比	1：1.17
膳食纖維	0.79%		水分 (ml)	69

INGREDIENTS （材料）

① 雞胸肉（切塊）⋯ 70g
② 糙米（蒸熟）⋯⋯ 2g
③ 花椰菜（切小朵）5g
④ 雞肝 ⋯⋯⋯⋯⋯ 2g
⑤ 雞油 ⋯⋯⋯⋯⋯ 2g
⑥ 鈣 ⋯⋯⋯⋯⋯ 230mg
⑦ 牛磺酸 ⋯⋯⋯ 250mg
⑧ 羊奶 ⋯⋯⋯⋯⋯ 12g

STEP BY STEP （步驟）

😺 前置作業

01　將雞胸肉切塊；花椰菜切小朵，備用。

02　將糙米蒸熟後，取出備用。

😺 烹煮、盛盤

03　將水煮滾後，放入雞胸肉塊、熟糙米、小朵花椰菜、雞肝，川燙至熟。

04　將鍋內食材撈起，瀝乾後，倒入任一容器。

05　淋上雞油，加入鈣、牛磺酸、羊奶。

06　拌勻後，盛盤，即可享用。

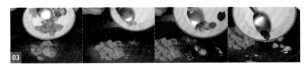

😺 雞胸肉、糙米、花椰菜、雞肝。

😺 撈起，瀝乾。

😺 雞油、鈣、牛磺酸、羊奶。

😺 拌勻。

山藥燉雞湯

Yam Stewed Chicken Soup

湯品 30

NUTRITION SCALE 營養量表

熱量（Kcal）	161.8		灰份	2.59%
粗蛋白	54.75%		鈣	1.05%
粗脂肪	30.37%		磷	0.92%
碳水化合物	9.28%		鈣磷比	1：1.14
膳食纖維	0.81%		水分（ml）	70.95

INGREDIENTS （材料）

① 水 …………… 150g
② 雞腿肉（切塊）‧ 85g
③ 山藥（切小丁）‧ 10g
④ 枸杞 ……………… 1g
⑤ 雞肝（切小丁）… 3g
⑥ 鈣 …………… 230mg
⑦ 牛磺酸 ……… 250mg

STEP BY STEP （步驟）

🐾 前置作業

01 將雞腿肉切塊；山藥、雞肝切小丁，備用。

🐾 烹煮、盛碗

02 將水煮滾後，放入雞腿肉塊、山藥丁、枸杞、雞肝丁，煮至熟。

03 煮熟後，關火，撒上鈣、牛磺酸。

04 稍微拌勻後，盛碗，即可享用。

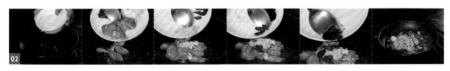

🐾 水、雞腿肉、山藥、枸杞、雞肝，煮熟。

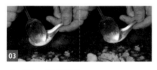

🐾 鈣、牛磺酸。

冬至羊奶湯圓

Winter Solstice Goat Milk Tangyuan

湯品 31

NUTRITION SCALE 營養量表

熱量（Kcal）	140.8	灰份	3.55%
粗蛋白	51.73%	鈣	1.43%
粗脂肪	32.01%	磷	1.23%
碳水化合物	8.89%	鈣磷比	1：1.16
膳食纖維	1.07%	水分（ml）	68.83

INGREDIENTS 材料

① 雞肉（剁成泥）‥ 45g
② 南瓜（切小丁）‥ 10g
③ 雞肝 ‥‥‥‥‥ 1.2g
④ 鈣 ‥‥‥‥‥ 230mg
⑤ 牛磺酸 ‥‥‥ 250mg
⑥ 水 ‥‥‥‥‥ 150g
⑦ 羊奶 ‥‥‥‥‥ 45g
⑧ 橄欖油 ‥‥‥‥‥ 5g

STEP BY STEP 步驟

🐾 前置作業

01 將雞肉剁成泥；南瓜切小丁，備用。

🐾 烹煮、盛碗

02 取一容器，放入雞肉泥、南瓜丁、雞肝、鈣、牛磺酸，拌勻，為雞肉漿。

03 用手取少許雞肉漿捏成圓球狀，即為湯圓。

04 將水煮滾後，放入湯圓，煮至熟後取出。

05 將水倒掉後，先放入湯圓，再加入水、羊奶、橄欖油，稍微加熱，關火。

06 盛碗，即可享用。

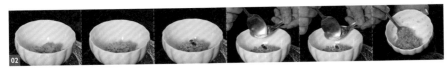

🐾 雞肉、南瓜、雞肝、鈣、牛磺酸，拌勻。

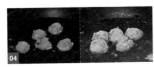

🐾 塑形。　　🐾 水煮。　　　　　🐾 湯圓、水、羊奶、橄欖油。

SALADS & SNACKS | STAPLE FOOD | SOUP
沙拉、小食 | 主食 | 湯品

本章節食譜為「六個月大以上」的狗狗可食用。

犬鮮食食譜大全

DOG
FRESH FOOD
RECIPES

夏威夷雞肉沙拉

Hawaiian Chicken Salad

沙拉、小食 01

NUTRITION SCALE 營養量表

熱量（Kcal）	296.8		灰份	3.08%
粗蛋白	45.99%		鈣	1.09%
粗脂肪	22.07%		磷	0.97%
碳水化合物	25.09%		鈣磷比	1：1.13
膳食纖維	1.64%		水分（ml）	68.67

INGREDIENTS （材料）

① 雞胸肉（切塊）
.... 100g
② 山藥（切丁）...... 20g
③ 毛豆仁 10g
④ 雞肝 10g
⑤ 鳳梨（切丁）...... 10g
⑥ 鈣 350mg
⑦ 雞油 10g
⑧ 蜂蜜 5b

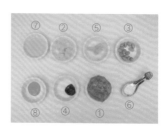

STEP BY STEP （步驟）

🐾 前置作業

| 01　將雞胸肉切塊；鳳梨、山藥切丁，備用。

🐾 烹煮、盛盤

02　將水煮滾後，加入雞胸肉塊、山藥丁、毛豆仁、雞肝，川燙至熟。

03　將鍋中食材撈起，瀝乾，放入任一容器中。

04　加入鳳梨丁、鈣，拌勻。

05　盛盤後，淋上雞油、蜂蜜，即可享用。

🐾 雞胸肉、山藥、毛豆仁、雞肝。　🐾 撈起，瀝乾。

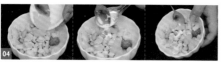 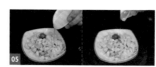

🐾 鳳梨、鈣，拌勻。　🐾 雞油、蜂蜜。

雞肉蘆筍沙拉

Chicken Asparagus Salad

沙拉、小食 O2

熱量（Kcal）	106		灰份	4.15%
粗蛋白	69.32%		鈣	2.36%
粗脂肪	6.44%		磷	1.76%
碳水化合物	13.54%		鈣磷比	1：1.34
膳食纖維	2.21%		水分（ml）	79

INGREDIENTS 材料

① 雞肉（切塊）⋯⋯ 70g
② 番茄（切小丁）⋯ 30g
③ 雞肝 ⋯⋯⋯⋯⋯ 10g
④ 蘆筍（切小段）⋯ 10g
⑤ 蘋果（切小丁）⋯ 10g
⑥ 鈣 ⋯⋯⋯⋯⋯ 350mg

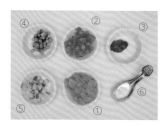

STEP BY STEP 步驟

🐾 前置作業

01 將雞肉切塊；番茄、蘋果切小丁；蘆筍切小段，備用。

🐾 烹煮、盛盤

02 將水煮滾後，放入雞肉塊、番茄丁、雞肝、蘆筍段，川燙至熟。

03 將鍋內食材撈起，瀝乾，放入任一容器中。

04 加入蘋果丁、鈣，拌勻。

05 盛盤，即可享用。

🐾 雞肉、番茄、雞肝、蘆筍。

🐾 撈起，備用。

🐾 蘋果、鈣，拌勻。

奇亞籽雞肉丸

Chia Seed Chicken Meatballs

NUTRITION SCALE 營養量表

熱量（Kcal）	319.6	灰份	2.81%
粗蛋白	59.76%	鈣	1.79%
粗脂肪	27.34%	磷	1.61%
碳水化合物	2.92%	鈣磷比	1：1.11
膳食纖維	3.61%	水分（ml）	50.55

INGREDIENTS （材料）

① 雞肉（剁成泥）‧ 120g
② 雞肝 ‧‧‧‧‧‧‧‧‧‧‧‧‧ 10g
③ 雞蛋（打散）‧‧‧ 40g
④ 奇亞籽 ‧‧‧‧‧‧‧‧‧‧‧‧‧ 5g
⑤ 鈣 ‧‧‧‧‧‧‧‧‧‧‧‧‧ 350mg
⑥ 雞油 ‧‧‧‧‧‧‧‧‧‧‧‧‧ 10g

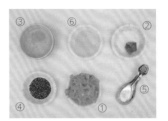

STEP BY STEP （步驟）

😺 前置作業

01　將雞肉剁成泥，備用。

02　將雞蛋打散，為蛋液，備用。

😺 烹煮、盛盤

03　取一容器，放入雞肉泥、雞肝、蛋液、奇亞籽，拌勻。

04　加入鈣，拌勻，為奇亞籽雞肉漿。

05　將水煮滾後，用手抓取適量奇亞籽雞肉漿，並從虎口擠出後，以湯匙挖
　　下，放入鍋中。

06　煮至熟，為奇亞籽雞肉丸。
　　TIP. 煮熟的肉丸會浮起。

07　盛盤，淋上雞油，即可享用。

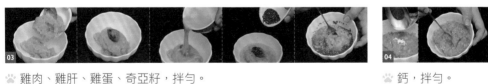

😺 雞肉、雞肝、雞蛋、奇亞籽，拌勻。　　　　　　　　　　😺 鈣，拌勻。

😺 塑形。　　😺 水煮。　　😺 雞油。

Vegetables Beef Meatballs

圓滿鮮蔬牛肉丸

沙拉、小食 O4

NUTRITION SCALE 營養量表

熱量（Kcal）	160.4	灰份	4.30%
粗蛋白	68.94%	鈣	1.45%
粗脂肪	21.94%	磷	1.39%
碳水化合物	7.03%	鈣磷比	1：1.04
膳食纖維	1.66%	水分（ml）	96.78

INGREDIENTS （材料）

① 牛後腿肉（剁成泥） ·························· 100g
② 紅蘿蔔（切小丁） ···························· 20g
③ 雞肝 ··· 10g
④ 鈣 ·· 350mg

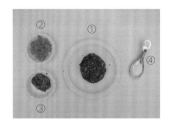

STEP BY STEP （步驟）

🐾 前置作業

01　將牛後腿肉剁成泥；紅蘿蔔切小丁，備用。

🐾 烹煮、盛盤

02　取一容器，放入牛後腿肉泥、紅蘿蔔丁、雞肝。

03　撒上鈣，拌勻。

04　將水煮滾後，用手抓取適量圓滿鮮蔬牛肉漿，並從虎口擠出後，以湯匙挖下，放入鍋中。

05　煮至熟，為圓滿鮮蔬牛肉丸。
　　TIP. 煮熟的肉丸會浮起。

06　盛盤，即可享用。

🐾 牛後腿肉、紅蘿蔔、雞肝。　　🐾 鈣，拌勻。

🐾 塑形。　　🐾 水煮。

和風豬肉燉煮

Japanese Style Pork Stew

沙拉、小食 O5

NUTRITION SCALE 營養量表

熱量（Kcal）	220.3		灰份	3.23%
粗蛋白	43.26%		鈣	1.25%
粗脂肪	34.84%		磷	1.12%
碳水化合物	13.52%		鈣磷比	1：1.12
膳食纖維	2.63%		水分（ml）	71.84

INGREDIENTS 材料

① 豬里肌肉（切塊）…70g
② 高麗菜（切絲）……… 10g
③ 紅蘿蔔（切小丁）…… 10g
④ 番茄（切小丁）……… 10g
⑤ 馬鈴薯（切小丁）… 10g
⑥ 花椰菜（切小朵）
　　　　　………… 10g
⑦ 雞肝…………… 2g
⑧ 雞油………… 10g
⑨ 鈣………… 350mg

STEP BY STEP 步驟

🐾 前置作業

01　將紅蘿蔔、馬鈴薯、番茄切小丁；花椰菜切小朵；豬里肌肉切塊；高麗菜切絲，備用。

🐾 烹煮、盛盤

02　將水煮滾後，放入豬里肌肉塊、高麗菜絲、紅蘿蔔丁、番茄丁、馬鈴薯丁、小朵花椰菜、雞肝，川燙至熟。

03　將鍋內食材撈起，瀝乾，放入任一容器中。

04　淋上雞油，撒上鈣，拌勻。

05　盛盤，即可享用。

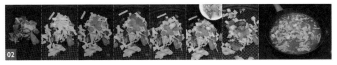

🐾 豬里肌肉、高麗菜、紅蘿蔔、番茄、馬鈴薯、花椰菜、雞肝。

🐾 撈起，瀝乾。 🐾 雞油、鈣，拌勻。

鮮蔬拌雞肉

Chicken Mixed With Vegetables

沙拉、小食 06

NUTRITION SCALE 營養量表

熱量（Kcal）	156.8	灰份	2.51%
粗蛋白	53.05%	鈣	1.72%
粗脂肪	30.61%	磷	1.38%
碳水化合物	8.50%	鈣磷比	1：1.24
膳食纖維	1.96%	水分（ml）	75.24

INGREDIENTS （材料）

① 雞腿肉（切塊）-----------------------------85g
② 紅蘿蔔（切丁）-----------------------------10g
③ 甜椒（切丁）-------------------------------20g
④ 鈣 --350mg

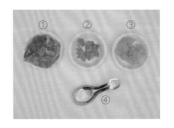

STEP BY STEP （步驟）

🐾 前置作業

01　將雞腿肉切塊；紅蘿蔔、甜椒切丁，備用。

🐾 烹煮、盛盤

02　將水煮滾後，加入雞腿塊、紅蘿蔔丁、甜椒丁，川燙至熟。

03　將鍋內食材撈起，瀝乾，放入任一容器中。

04　撒上鈣，拌勻。

05　盛盤，即可享用。

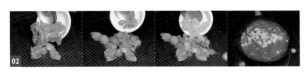

🐾 雞腿肉、紅蘿蔔、甜椒，煮熟。

🐾 撈起，瀝乾。　🐾 鈣。

炙烤牛肉握壽司

沙拉、小食 07

NUTRITION SCALE 營養量表

熱量（Kcal）	287.1		灰份	3.35%
粗蛋白	61.56%		鈣	0.76%
粗脂肪	29.44%		磷	0.93%
碳水化合物	3.41%		鈣磷比	1：0.81
膳食纖維	0.43%		水分（ml）	68.26

INGREDIENTS 材料

① 雞油 ……………… 10g
② 牛五花肉 (切小片)
   ……………………… 40g
③ 雞肉 (剁成泥) · 120g
④ 鈣 ……………… 350mg
⑤ 海苔 (剪條) …… 0.8g

STEP BY STEP 步驟

🐾 前置作業

01 將雞肉剁成泥；牛五花肉切小片，備用。

02 將海苔剪成條狀，備用。

🐾 烹煮

03 熱鍋後，先倒入 ½ 的雞油，待油溫升高後，再放入牛五花肉片。

04 煎至熟後，取出，備用。

05 在鍋中倒入剩下的 ½ 雞油，加熱。

06 將雞肉泥用手塑成長方形。

07 在油鍋中放入長方形雞肉塊煎至熟後，撒上鈣，取出，備用。

🐾 組合

08 先在長方形雞肉塊上放牛五花肉片後，以海苔條包覆固定。

09 盛盤，即可享用。

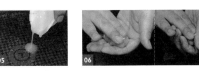

🐾 雞油，牛五花肉。　🐾 煎熟，取出。　🐾 雞油。　🐾 塑形。

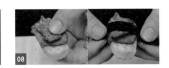

🐾 雞肉煎熟；撒上鈣。　🐾 雞肉、牛五花、海苔條。

日式納豆豚肉漢堡

Japanese Style Natto Pork Burger

沙拉、小食 08

NUTRITION SCALE 營養量表

熱量（Kcal）	318.9	灰份	2.84%
粗蛋白	43.23%	鈣	1.06%
粗脂肪	28.69%	磷	0.90%
碳水化合物	20.81%	鈣磷比	1：1.17
膳食纖維	2.27%	水分（ml）	63.57

INGREDIENTS 材料

① 豬里肌肉（剁成絞肉）
　　　　　　　　　　 100g
② 紅蘿蔔（切小丁）10g
③ 納豆　　　　　　 15g
④ 雞肝　　　　　　 10g
⑤ 雞蛋（打散）　 20g
⑥ 鈣　　　　　 350mg
⑦ 雞油　　　　　 10g

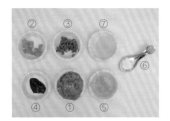

STEP BY STEP 步驟

🐾 前置作業

01　將豬里肌肉剁成絞肉；紅蘿蔔切小丁，備用。

02　將雞蛋打散，為蛋液，備用。

🐾 烹煮、盛盤

03　取一容器，放入豬里肌絞肉、紅蘿蔔丁、納豆、雞肝、蛋液、鈣，拌勻，為漢堡肉。

04　用手抓取漢堡肉後，甩打將空氣排出，可使口感更紮實。

05　熱鍋後，倒入雞油，並待油溫升高。

06　用手將漢堡肉塑形成圓餅狀後，將漢堡肉放入鍋中，煎至熟。

07　盛盤，即可享用。

🐾 豬里肌肉、紅蘿蔔、納豆、雞肝、雞蛋、鈣，拌勻。

🐾 取肉，甩打。　　🐾 雞油。　　🐾 塑形，入鍋煎熟。

野菜玉子大阪煎

Wild Vegetable Tamago Osaka Fried

沙拉、小食 09

NUTRITION SCALE 營養量表

熱量（Kcal）	252.9	灰份	4.29%
粗蛋白	50.43%	鈣	1.36%
粗脂肪	24.24%	磷	1.17%
碳水化合物	13.50%	鈣磷比	1：1.17
膳食纖維	4.73%	水分（ml）	71.12

INGREDIENTS 材料

① 豬里肌肉（剁成絞肉）
　　　　　　　　70g
② 紅蘿蔔（切小丁）10g
③ 花椰菜（切小朵）10g
④ 雞肝　　　　　10g
⑤ 黑木耳　　　　5g
⑥ 黑芝麻粉　　　5g
⑦ 鈣　　　　　350mg
⑧ 雞蛋（打散）　70g

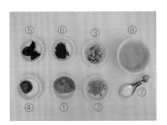

STEP BY STEP 步驟

🐾 前置作業

01 將豬里肌肉剁成絞肉；紅蘿蔔切小丁；花椰菜切小朵，備用。

02 將雞蛋打散，為蛋液，備用。

🐾 烹煮、盛盤

03 取一容器，倒入豬里肌絞肉、紅蘿蔔丁、小朵花椰菜、雞肝、黑木耳、黑芝麻粉，拌勻。

04 加入鈣，拌勻。

05 用手將食材塑形成圓餅狀，為大阪煎。

06 熱鍋後，乾煎大阪煎至熟。
TIP. 建議使用不沾鍋，較不易黏鍋。

07 淋上蛋液，煎至半凝固。

08 盛盤，即可享用。

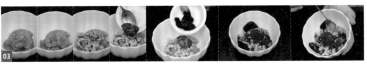

🐾 豬里肌肉、紅蘿蔔、花椰菜、雞肝、黑木耳、黑芝麻粉，拌勻。

🐾 鈣，拌勻。

🐾 塑形。

🐾 煎熟。

🐾 雞蛋。

French Lamb With Vegetables

法式羊肉拌鮮蔬

沙拉、小食 10

NUTRITION SCALE 營養量表

熱量（Kcal）	277.1		灰份	3.60%
粗蛋白	39.03%		鈣	1.33%
粗脂肪	28.33%		磷	0.91%
碳水化合物	23.91%		鈣磷比	1：1.45
膳食纖維	2.50%		水分（ml）	65.63

INGREDIENTS (材料)

① 羊肉（切塊）······ 70g
② 雞肝 ················· 10g
③ 紅蘿蔔（切小丁）
   ····················· 10g
④ 蘆筍（切小段）· 20g
⑤ 鈣 ················ 350mg
⑥ 雞油 ················ 10g
⑦ 優格 ················ 30g
⑧ 起司粉 ··············· 5g

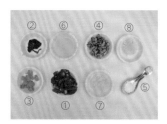

STEP BY STEP (步驟)

🐾 前置作業

01　將羊肉切塊；蘆筍切小段；紅蘿蔔切小丁，備用。

🐾 烹煮、盛盤

02　將水煮滾後，加入羊肉塊、雞肝、紅蘿蔔丁、蘆筍段，川燙至熟。

03　將鍋內食材撈起，瀝乾。

04　盛盤後，加入鈣、雞油、優格、起司粉，即可享用。

🐾 羊肉、雞肝、紅蘿蔔、蘆筍。

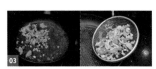

🐾 撈起，瀝乾。

🐾 鈣、雞油、優格、起司粉。

英式蘇格蘭烘蛋

沙拉、小食 **11**

NUTRITION SCALE 營養量表

熱量（Kcal）	228.4		灰份	4.14%
粗蛋白	65.26%		鈣	1.44%
粗脂肪	23.37%		磷	1.30%
碳水化合物	3.90%		鈣磷比	1：1.11
膳食纖維	0.28%		水分（ml）	72.97

INGREDIENTS 材料

① 豬里肌肉（剁成絞肉）
.... 100g
② 雞肝 10g
③ 鈣 350mg
④ 鵪鶉蛋 5g
⑤ 紅蘿蔔（切小丁）
.... 55g

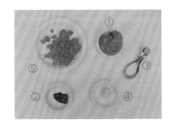

STEP BY STEP 步驟

前置作業

01 將豬里肌肉剁成絞肉，紅蘿蔔切小丁，備用。

02 將鵪鶉蛋煮熟後剝殼，或購買水煮熟鵪鶉蛋。

烹煮、盛盤

03 取一容器，加入豬里肌絞肉、雞肝，拌勻。

04 加入鈣，拌勻後，用手將肉泥整形成扁平狀。

05 將鵪鶉蛋放在肉泥中間後包起，捏成球狀，為肉球。

06 熱鍋，放入肉球、紅蘿蔔丁，乾煎至熟。
TIP. 建議使用不沾鍋，較不易黏鍋。

07 盛盤，即可享用。

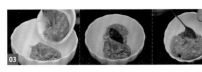
豬里肌肉、雞肝，拌勻。

鈣，拌勻。

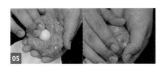
鵪鶉蛋，包起。

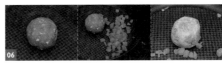
肉球、紅蘿蔔，煎熟。

153

主食 12

NUTRITION SCALE 營養量表

熱量（Kcal）	281.3		灰份	2.87%
粗蛋白	34.35%		鈣	2.30%
粗脂肪	20.44%		磷	1.04%
碳水化合物	35.90%		鈣磷比	1：2.22
膳食纖維	2.06%		水分（ml）	71.1

INGREDIENTS （材料）

① 烏龍麵 ………… 60g
② 豬里肌肉（切塊）
　 ………………… 50g
③ 菠菜（切段）…… 10g
④ 雞肝 …………… 10g
⑤ 山藥（切小丁） 20g
⑥ 雞蛋（打散）…… 45g
⑦ 橄欖油 ………… 5g
⑧ 鈣 …………… 350mg
⑨ 海苔 ………… 0.2g

STEP BY STEP （步驟）

😸 前置作業

01 將豬里肌肉切塊；菠菜切段；山藥切小丁，備用。

02 將雞蛋打散，為蛋液，備用。

😸 烹煮、盛碗

03 將水煮滾後，放入烏龍麵、豬里肌肉塊、菠菜段、雞肝、山藥丁，煮至熟。

04 將鍋內食材煮至熟後，盛碗。

05 加入蛋液、橄欖油、鈣、海苔，即可享用。

😸 烏龍麵、豬里肌肉、菠菜、雞肝、山藥，煮熟。

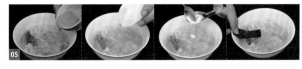

😸 盛碗。　　😸 雞蛋、橄欖油、鈣、海苔。

地中海羊奶鮭魚義大利麵

Mediterranean Goat Milk Salmon Pasta

主食 **13**

NUTRITION SCALE 營養量表

熱量（Kcal）	367.2		灰份	2.16%
粗蛋白	32.94%		鈣	0.70%
粗脂肪	36.04%		磷	0.62%
碳水化合物	25.66%		鈣磷比	1：1.14
膳食纖維	1.78%		水分（ml）	65.4

INGREDIENTS 材料

① 義大利麵 ……… 20g
② 鮭魚（切小塊）· 70g
③ 雞肝 ……………… 10g
④ 番茄（切小丁）· 10g
⑤ 花椰菜（切小朵）
　　……………… 20g
⑥ 羊奶 …………… 40g
⑦ 鈣 …………… 350mg
⑧ 橄欖油 ………… 10g

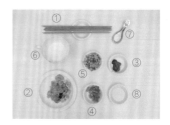

STEP BY STEP 步驟

🐾 前置作業

01　將鮭魚切小塊；番茄切小丁；花椰菜切小朵，備用。

🐾 烹煮、盛盤

02　將水煮滾後，將義大利麵置於鍋子中央後放手，使義大利麵散開，較易煮熟。

03　放入鮭魚塊、雞肝、番茄丁、小朵花椰菜，川燙至熟。

04　將鍋內食材撈起，瀝乾，為鮭魚義大利麵。

05　先將鍋中水倒掉後，熱鍋，放入鮭魚義大利麵、羊奶，煮至收汁。

06　加入鈣，拌勻，為地中海羊奶鮭魚義大利麵。

07　先取出義大利麵，盛盤後，再取出其他食材。

08　淋上橄欖油，即可享用。

🐾 義大利麵。

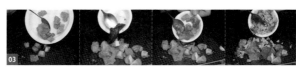

🐾 鮭魚、雞肝、番茄、花椰菜。

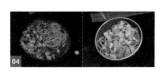

🐾 撈起，瀝乾。

🐾 麵、羊奶。

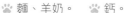

🐾 鈣。

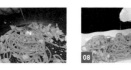

🐾 橄欖油。

南瓜時蔬雞肉義大利麵

Pumpkin, Seasonal Vegetables, Chicken Pasta

主食 14

NUTRITION SCALE 營養量表

熱量（Kcal）	458		灰份	2.28%
粗蛋白	24.50%		鈣	0.68%
粗脂肪	14.06%		磷	0.56%
碳水化合物	54.70%		鈣磷比	1：1.22
膳食纖維	3.10%		水分（ml）	61.34

INGREDIENTS 材料

① 義大利麵 ……… 60g
② 雞肉（切塊）… 50g
③ 南瓜（切小丁）· 70g
④ 鴻喜菇（切小丁）
　……… 10g
⑤ 雞肝 ……… 10g
⑥ 花椰菜（切小朵）
　……… 10g
⑦ 羊奶 ……… 50g
⑧ 鈣 ……… 350mg
⑨ 雞油 ……… 10g
⑩ 起司粉 ……… 3g

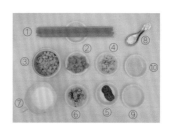

STEP BY STEP 步驟

🐾 前置作業

01　將雞肉切塊；南瓜、鴻喜菇切小丁；花椰菜切小朵，備用。

🐾 烹煮、盛盤

02　將水煮滾後，將義大利麵置於鍋子中央後放手，使義大利麵散開，較易煮熟。

03　放入雞肉塊、南瓜丁、鴻喜菇丁、雞肝、小朵花椰菜，川燙至熟。

04　將鍋內食材撈起，瀝乾，為雞肉義大利麵。

05　先將鍋中水倒掉後，熱鍋，放入羊奶、雞肉義大利麵，煮至收汁。

06　加入鈣，拌勻，為南瓜時蔬雞肉義大利麵。

07　先取出義大利麵，盛盤後，再取出其他食材。

08　先淋上雞油，再撒上起司粉，即可享用。

🐾 義大利麵。

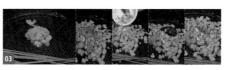

🐾 雞肉、南瓜、鴻喜菇、雞肝、花椰菜。

🐾 撈起，瀝乾。

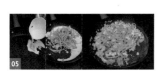

🐾 羊奶、麵，拌勻。

🐾 鈣。

🐾 雞油、起司粉。

豬肉燕麥粥

主食 15

NUTRITION SCALE 營養量表

熱量（Kcal）	513.7	灰份	2.59%
粗蛋白	27.98%	鈣	0.80%
粗脂肪	28.30%	磷	0.65%
碳水化合物	33.43%	鈣磷比	1：1.23
膳食纖維	6.11%	水分（ml）	66.06

INGREDIENTS （材料）

① 水 ……………… 200g
② 豬里肌肉（剁成絞肉）
　………………… 100g
③ 紅蘿蔔（切小丁）
　………………… 50g
④ 雞肝 …………… 10g
⑤ 青江菜（切小段）
　………………… 50g
⑥ 燕麥 …………… 40g
⑦ 鈣 ………… 350mg
⑧ 雞油 …………… 20g

STEP BY STEP （步驟）

前置作業

01　將豬里肌肉剁成絞肉；紅蘿蔔切小丁；青江菜切小段，備用。

烹煮、盛碗

02　將水煮滾後，放入豬里肌絞肉、紅蘿蔔丁、雞肝、青江菜段，川燙至熟。

03　加入燕麥、鈣，稍微拌煮。

04　盛碗，淋上雞油，即可享用。

水、豬里肌肉、紅蘿蔔、雞肝、青江菜。

燕麥、鈣，拌勻。

雞油。

五目炊飯

Takikomi Steamed Rice

主食 16

NUTRITION SCALE 營養量表

熱量（Kcal）	382.1	灰份	2.18%
粗蛋白	22.96%	鈣	0.88%
粗脂肪	30.66%	磷	0.71%
碳水化合物	38.65%	鈣磷比	1：1.24
膳食纖維	3.86%	水分（ml）	72

INGREDIENTS 材料

① 牛五花肉（切小片）
　　　　　　　　　60g
② 牛蒡（切絲）…… 20g
③ 鴻喜菇（切段）… 20g
④ 紅蘿蔔（切小丁）10g
⑤ 雞肝 …………… 10g
⑥ 糙米（蒸熟）…… 30g
⑦ 鈣 ………… 350mg
⑧ 橄欖油 ………… 10g
⑨ 海苔（剪絲）… 0.5g

STEP BY STEP 步驟

🐾 前置作業

01　將牛五花肉切小片；鴻喜菇切段；紅蘿蔔切小丁；牛蒡切絲，備用。

02　以剪刀將海苔剪成海苔絲，備用。

03　將糙米蒸熟後，取出備用。

🐾 烹煮、盛盤

04　將水煮滾後，加入牛五花肉片、牛蒡絲、鴻喜菇段、紅蘿蔔丁、雞肝，川燙至熟。

05　將鍋中食材撈起，瀝乾，放入任一容器中。

06　加入熟糙米、鈣，拌勻。

07　盛盤，淋上橄欖油，放上海苔絲，即可享用。

🐾 牛五花肉、牛蒡、鴻喜菇、紅蘿蔔、雞肝，煮熟。

🐾 撈起，瀝乾。　🐾 糙米、鈣，拌勻。　　　🐾 橄欖油、海苔。

日式野菇雞肉炊飯

Japanese Style Mushroom Chicken Cooked Rice

主食 17

NUTRITION SCALE 營養量表

項目	數值	項目	數值
熱量（Kcal）	342	灰份	2.36%
粗蛋白	34.82%	鈣	1.22%
粗脂肪	33.63%	磷	1.03%
碳水化合物	23.80%	鈣磷比	1：1.18
膳食纖維	2.88%	水分（ml）	67.06

INGREDIENTS 材料

① 雞腿肉（切塊）
　　·················· 100g
② 紅蘿蔔（切丁）· 20g
③ 牛蒡（切絲）······ 5g
④ 雞肝················ 10g

⑤ 鴻喜菇（切段）· 10g
⑥ 春菊（切碎）····· 15g
⑦ 糙米（蒸熟）····· 15g
⑧ 鈣··············· 350mg
⑨ 雞油················ 10g

STEP BY STEP 步驟

🐾 前置作業

01　將雞腿肉切塊；紅蘿蔔切丁；牛蒡切絲；鴻喜菇切段；春菊切碎，備用。

02　將糙米蒸熟後，取出備用。

🐾 烹煮、盛盤

03　將水煮滾後，放入雞腿肉塊、紅蘿蔔丁、牛蒡絲、雞肝、鴻喜菇段、春菊碎，川燙至熟。

04　將鍋內食材撈起，瀝乾，放入任一容器中。

05　加入熟糙米、鈣，拌勻。

06　盛盤，淋上雞油，即可享用。

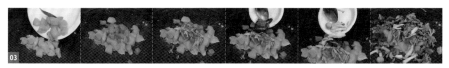

🐾 雞肉、紅蘿蔔、牛蒡、雞肝、鴻喜菇、春菊。

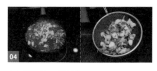

🐾 撈起，瀝乾。

🐾 糙米、鈣。

🐾 雞油。

Salmon Clam Steamed Rice

鮭魚蛤蜊炊飯

主食 18

NUTRITION SCALE 營養量表

熱量（Kcal）	376.1	灰份	2.38%
粗蛋白	22.13%	鈣	1.09%
粗脂肪	34.15%	磷	0.98%
碳水化合物	36.42%	鈣磷比	1：1.12
膳食纖維	2.64%	水分（ml）	68

INGREDIENTS 材料

① 鮭魚（切塊）…… 50g
② 蛤蜊肉（去殼）… 10g
③ 鴻喜菇（切段）… 15g
④ 紅蘿蔔（切丁）… 20g
⑤ 雞肝 …………… 10g
⑥ 糙米（蒸熟）…… 30g
⑦ 鈣 …………… 350mg
⑧ 雞油 ………… 15g

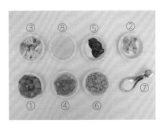

STEP BY STEP 步驟

🐾 前置作業

01 將鮭魚切塊；紅蘿蔔切丁；鴻喜菇切段，備用。

02 將糙米蒸熟後，取出備用。

03 將蛤蜊煮熟後去殼，或可購買市售已去殼熟蛤蜊肉。

🐾 烹煮、盛盤

04 將水煮滾後，放入鮭魚塊、蛤蜊肉、鴻喜菇段、紅蘿蔔丁、雞肝，川燙至熟。

05 將鍋內食材撈起，瀝乾，放入任一容器中。

06 加入熟糙米、鈣，拌勻。

07 盛盤後，淋上雞油，即可享用。

🐾 鮭魚、蛤蜊、鴻喜菇、紅蘿蔔、雞肝。

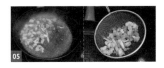

🐾 撈起，瀝乾。　　🐾 糙米、鈣，拌勻。　　🐾 雞油。

羊肉枸杞蘋果炊飯

Lamb, Wolfberry And Apple Steamed Rice

主食 19

NUTRITION SCALE 營養量表

熱量（Kcal）	286.64		灰份	2.18%
粗蛋白	24.83%		鈣	1.03%
粗脂肪	20.86%		磷	0.80%
碳水化合物	44.25%		鈣磷比	1：1.29
膳食纖維	5.95%		水分（ml）	67.88

INGREDIENTS 材料

① 羊肉（切片）······ 50g
② 花椰菜（切小朵）
　　　　　　　··········· 10g
③ 雞肝 ·················· 10g
④ 枸杞 ···················· 2g
⑤ 蘋果（切丁）······ 10g
⑥ 糙米（蒸熟）······ 30g
⑦ 鈣 ················· 350mg
⑧ 雞油 ·················· 10g
⑨ 銀耳 ···················· 3g

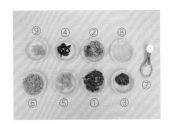

STEP BY STEP 步驟

🐾 前置作業

01　將羊肉切片；蘋果切丁；花椰菜切小朵，備用。

02　將糙米蒸熟後，取出備用。

🐾 烹煮、盛盤

03　將水煮滾後，放入羊肉片、小朵花椰菜、雞肝、枸杞，川燙至熟。

04　將鍋內食材撈起，瀝乾，放入任一容器中。

05　加入蘋果丁、熟糙米、鈣，拌勻。

06　盛盤，淋上雞油。

07　將水煮滾後，放入銀耳片川燙，撈起，瀝乾，放在盤邊，即可享用。

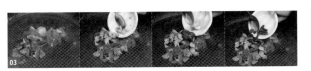

🐾 羊肉、花椰菜、雞肝、枸杞。

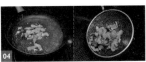

🐾 撈起，瀝乾。

🐾 蘋果、糙米、鈣，拌勻。

🐾 雞油。

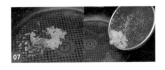

🐾 銀耳，撈起，瀝乾。

牛肉地瓜燉飯

主食 20

NUTRITION SCALE 營養量表

熱量 (Kcal)	333.1		灰份	1.98%
粗蛋白	22.34%		鈣	0.83%
粗脂肪	32.94%		磷	0.74%
碳水化合物	38.15%		鈣磷比	1：1.12
膳食纖維	2.92%		水分 (ml)	81.13

170

INGREDIENTS 材料

① 牛五花肉（切小片）
　　…………… 50g
② 地瓜（切丁）…… 30g
③ 雞肝 ………… 10g
④ 花椰菜（切小朵）10g
⑤ 糙米（蒸熟）… 20g
⑥ 鈣 ………… 350mg
⑦ 雞油 ………… 10g

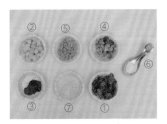

STEP BY STEP 步驟

🐾 前置作業

01　將牛五花肉切小片；地瓜切丁；花椰菜切小朵，備用。

02　將糙米蒸熟後，取出備用。

🐾 烹煮、盛盤

03　將水煮滾後，放入牛五花肉片、地瓜丁、雞肝、小朵花椰菜，川燙至熟。

04　將鍋中食材撈起，瀝乾，放入任一容器中。

05　加入熟糙米、鈣，拌勻。

06　盛盤，淋上雞油，即可享用。

🐾 牛五花肉、地瓜、雞肝、花椰菜。

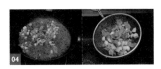

🐾 撈起，瀝乾。

🐾 糙米、鈣，拌勻。

🐾 雞油。

牛肉鮭魚羊奶燉飯

Beef Salmon And Goat Milk Stewed Rice

主食 21

NUTRITION SCALE 營養量表

熱量 (Kcal)	521.6		灰份	2.63%
粗蛋白	27.25%		鈣	0.84%
粗脂肪	29.75%		磷	0.66%
碳水化合物	34.91%		鈣磷比	1：1.28
膳食纖維	3.87%		水分 (ml)	66.88

INGREDIENTS 材料

① 鮭魚（切塊）⋯⋯ 50g
② 牛五花肉（切小片）
⋯⋯⋯⋯⋯⋯⋯⋯ 50g
③ 雞肝⋯⋯⋯⋯⋯ 10g
④ 南瓜（切丁）⋯⋯ 50g
⑤ 花椰菜（切小朵）50g
⑥ 羊奶⋯⋯⋯⋯⋯ 40g
⑦ 糙米（蒸熟）⋯ 30g
⑧ 鈣⋯⋯⋯⋯ 350mg
⑨ 雞油⋯⋯⋯⋯ 10g

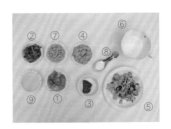

STEP BY STEP 步驟

🐾 前置作業

01 將鮭魚切塊；花椰菜切小朵；南瓜切丁；牛五花肉切小片，備用。

02 將糙米蒸熟後，取出備用。

🐾 烹煮、盛盤

03 將水煮滾後，放入鮭魚塊、牛五花肉片、雞肝、南瓜丁、小朵花椰菜，川燙至熟。

04 將鍋內食材撈起，瀝乾，並將鍋中水倒掉。

05 熱鍋，放入川燙食材後，再加入羊奶、熟糙米，煮至收汁。

06 盛盤，撒上鈣，淋上雞油，即可享用。

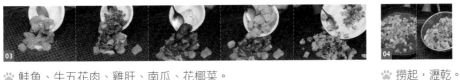

🐾 鮭魚、牛五花肉、雞肝、南瓜、花椰菜。　　🐾 撈起，瀝乾。

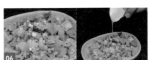

🐾 羊奶、糙米。　　🐾 鈣、雞油。

海鮮補鈣燉飯

Seafood Calcium Stewed Rice

主食 **22**

NUTRITION SCALE 營養量表

熱量（Kcal）	313.44		灰份	3.63%
粗蛋白	32.23%		鈣	1.15%
粗脂肪	32.20%		磷	1.09%
碳水化合物	27.51%		鈣磷比	1：1.1
膳食纖維	1.89%		水分（ml）	67

INGREDIENTS 材料

① 鮭魚（切塊）…… 50g
② 雞肝 ……………… 10g
③ 小魚乾 …………… 10g
④ 花椰菜（切小朵）10g
⑤ 小黃瓜（切絲）…… 2g
⑥ 糙米（蒸熟）…… 20g
⑦ 鈣 …………… 350mg
⑧ 雞油 ……………… 10g

STEP BY STEP 步驟

🐾 前置作業

01　將鮭魚切塊；花椰菜切小朵；小黃瓜切絲，備用。

02　將糙米蒸熟後，取出備用。

🐾 烹煮、盛盤

03　將水煮滾後，放入鮭魚塊、雞肝、小魚乾、小朵花椰菜、小黃瓜絲，川燙至熟。

04　將鍋內食材撈起，瀝乾，放入任一容器中。

05　加入熟糙米、鈣，拌勻。

06　盛盤後，淋上雞油，即可享用。

🐾 鮭魚、雞肝、小魚乾、花椰菜、小黃瓜。

🐾 撈起，瀝乾。　　🐾 糙米、鈣，拌勻。　　🐾 雞油。

鯖魚炒飯

Mackerel Fried Rice

主食 23

NUTRITION SCALE 營養量表

熱量（Kcal）	335		灰份	1.96%
粗蛋白	20.69%		鈣	0.84%
粗脂肪	33.78%		磷	0.82%
碳水化合物	39.22%		鈣磷比	1：1.02
膳食纖維	2.55%		水分（ml）	63.05

INGREDIENTS 材料

① 芝麻油 ·············· 2g
② 雞蛋（打散）····· 20g
③ 糙米（蒸熟）···· 30g
④ 鯖魚（切塊）···· 40g
⑤ 雞肝 ················ 10g
⑥ 紅蘿蔔（切小丁）10g
⑦ 花椰菜（切小朵）10g
⑧ 鈣 ················ 350mg

STEP BY STEP 步驟

🐾 前置作業

01 將鯖魚切塊；花椰菜切小朵；紅蘿蔔切小丁，備用。

02 將糙米蒸熟後，取出備用。

03 將雞蛋打散，為蛋液，備用。

🐾 烹煮、盛盤

04 熱鍋後，倒入芝麻油，待油溫升高後，再倒入蛋液，加入熟糙米。

05 將蛋液底部煎熟後翻面。

06 加入鯖魚塊、雞肝、紅蘿蔔丁、小朵花椰菜。

07 將鍋內食材拌炒至熟。

08 加入鈣，稍微拌炒後，盛盤，即可享用。

🐾 芝麻油、雞蛋、糙米。

🐾 翻面。

🐾 鯖魚、雞肝、紅蘿蔔、花椰菜。

🐾 拌炒。

🐾 鈣。

鮡仔魚炒飯

主食 24

NUTRITION SCALE 營養量表

熱量（Kcal）	215		灰份	4.64%
粗蛋白	30.64%		鈣	1.42%
粗脂肪	10.38%		磷	1.13%
碳水化合物	47.64%		鈣磷比	1：1.26
膳食纖維	3.45%		水分（ml）	69.74

INGREDIENTS 材料

① 雞蛋（打散） …… 40g
② 魩仔魚 …………… 60g
③ 糙米（蒸熟） …… 30g
④ 紅蘿蔔（切小丁）20g
⑤ 花椰菜（切小朵）10g
⑥ 雞肝 ………………… 10g
⑦ 鈣 ………………… 350mg

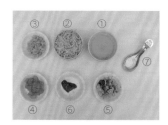

STEP BY STEP 步驟

🐾 前置作業

01　將紅蘿蔔切小丁；花椰菜切小朵，備用。

02　將糙米蒸熟後，取出備用。

03　將雞蛋打散，為蛋液，備用。

🐾 烹煮、盛盤

04　熱鍋後，倒入蛋液，加入魩仔魚、熟糙米、紅蘿蔔丁、小朵花椰菜、雞肝，
　　乾煎至熟。
　　TIP. 建議使用不沾鍋操作，較不易黏鍋。

05　將蛋液底部煎至熟後翻面。

06　將鍋內食材拌炒均勻。

07　盛盤後，撒上鈣，即可享用。

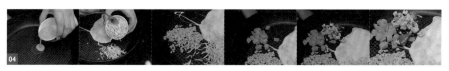

🐾 雞蛋、魩仔魚、糙米、紅蘿蔔、花椰菜、雞肝。

🐾 翻面。　　🐾 拌炒。　　🐾 鈣。

五行豆漿鍋

湯品 25

NUTRITION SCALE 營養量表

熱量（Kcal）	281.2	灰份	3.08%
粗蛋白	37.21%	鈣	1.00%
粗脂肪	37.20%	磷	0.94%
碳水化合物	15.16%	鈣磷比	1：1.07
膳食纖維	5.31%	水分（ml）	191.77

INGREDIENTS 材料

① 豆漿 ……… 100g
② 牛五花肉（切小片）
……… 65g
③ 南瓜（切丁）… 20g
④ 花椰菜（切小朵）
……… 15g
⑤ 鴻喜菇 ……… 15g
⑥ 雞肝 ……… 10g
⑦ 山藥（切丁）… 10g
⑧ 雞油 ……… 5g
⑨ 鈣 ……… 350mg
⑩ 海苔（剪絲）… 0.1g

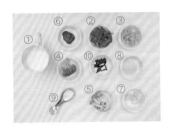

STEP BY STEP 步驟

🐾 前置作業

01 將南瓜、山藥切丁；牛五花肉切小片；花椰菜切小朵，備用。

02 以剪刀將海苔剪成絲，備用。

🐾 烹煮、盛碗

03 在鍋中倒入豆漿，加入牛五花肉片、南瓜丁、小朵花椰菜、鴻喜菇、雞肝、山藥丁。

04 淋上雞油後，開火，將鍋內食材煮熟。

05 撒上鈣，稍微拌勻後，盛碗。

06 放入海苔絲，即可享用。

🐾 豆漿、牛五花肉、南瓜、花椰菜、鴻喜菇、雞肝、山藥。

🐾 雞油。　　　🐾 鈣。　　　🐾 海苔。

Bitter Gourd Lamb Soup

苦瓜羊肉湯

湯品 26

NUTRITION SCALE 營養量表

熱量（Kcal）	136.5	灰份	2.54%
粗蛋白	37.83%	鈣	0.94%
粗脂肪	31.74%	磷	0.80%
碳水化合物	21.53%	鈣磷比	1：1.18
膳食纖維	4.42%	水分（ml）	260

INGREDIENTS （材料）

① 水 ………………… 200g
② 帶皮羊肉（切塊）
　 ……………………… 40g
③ 苦瓜（切塊）…… 30g
④ 雞肝 …………… 10g
⑤ 紅棗 ……………… 5g
⑥ 羊油 ……………… 5g
⑦ 鈣 …………… 350mg

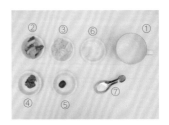

STEP BY STEP （步驟）

🐾 前置作業

01　將帶皮羊肉、苦瓜切塊，備用。

🐾 烹煮、盛碗

02　將水煮滾後，放入帶皮羊肉塊、苦瓜塊、雞肝、紅棗、羊油。

03　將鍋內食材煮至熟。

04　加入鈣，稍微拌勻。

05　盛碗，即可享用。

🐾 水、帶皮羊肉、苦瓜、雞肝、紅棗、羊油。

🐾 煮熟。　　🐾 鈣。

木瓜銀耳湯

湯品 27

NUTRITION SCALE 營養量表

熱量（Kcal）	280.3	灰份	2.78%
粗蛋白	30.03%	鈣	0.61%
粗脂肪	37.69%	磷	0.55%
碳水化合物	18.66%	鈣磷比	1：1.1
膳食纖維	9.57%	水分（ml）	370

INGREDIENTS 材料

① 水 …………… 300g
② 豬里肌肉（切塊）70g
③ 木瓜（切塊）… 70g
④ 銀耳 …………… 5g
⑤ 雞肝 …………… 10g
⑥ 紅棗 …………… 2g
⑦ 雞油 …………… 10g
⑧ 鈣 ………… 350mg

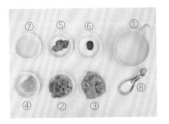

STEP BY STEP 步驟

🐾 前置作業

01 將豬里肌肉、木瓜切塊，備用。

🐾 烹煮、盛碗

02 將水煮滾後，放入豬里肌肉塊、木瓜塊、銀耳、雞肝、紅棗、雞油。

03 將鍋內食材燉煮40分鐘。

04 加入鈣，稍微拌勻。

05 盛碗，即可享用。

🐾 水、豬里肌肉、木瓜、銀耳、雞肝、紅棗、雞油。

🐾 燉煮。　🐾 鈣。

枸杞黑木耳羊肉湯

湯品 **28**

NUTRITION SCALE 營養量表

熱量 (Kcal)	108.5	灰份	3.49%
粗蛋白	37.85%	鈣	1.38%
粗脂肪	6.06%	磷	1.12%
碳水化合物	30.43%	鈣磷比	1：1.23
膳食纖維	19.46%	水分 (ml)	200

INGREDIENTS （材料）

① 水 ······· 150g
② 羊肉（切小片）······· 50g
③ 黑木耳 ······· 10g
④ 雞肝 ······· 10g
⑤ 枸杞 ······· 5g
⑥ 鈣 ······· 350mg

STEP BY STEP （步驟）

🐾 前置作業

| 01　將羊肉切小片，備用。

🐾 烹煮、盛碗

02　將水煮滾後，放入羊肉片、黑木耳、雞肝、枸杞。

03　將鍋內食材燉煮40分鐘。

04　盛碗，加入鈣，即可享用。

🐾 水、羊肉、黑木耳、雞肝、枸杞。

🐾 燉煮。　　🐾 鈣。

茄汁牛肉湯

Beef Soup With Tomato Sauce

湯品 29

NUTRITION SCALE 營養量表

熱量（Kcal）	213		灰份	3.97%
粗蛋白	45.04%		鈣	1.75%
粗脂肪	9.22%		磷	1.31%
碳水化合物	33.08%		鈣磷比	1：1.34
膳食纖維	5.27%		水分（ml）	210

INGREDIENTS （材料）

① 水 ……………………………………………… 200g
② 牛後腿肉（切塊）……………………………… 95g
③ 番茄（切丁）…………………………………… 20g
④ 馬鈴薯（切丁）………………………………… 20g
⑤ 紅蘿蔔（切丁）………………………………… 20g
⑥ 雞肝 …………………………………………… 10g
⑦ 鈣 ………………………………………… 350mg

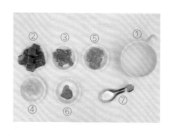

STEP BY STEP （步驟）

🐾 前置作業

01 將牛後腿肉切塊；紅蘿蔔、馬鈴薯、番茄切丁，備用。

🐾 烹煮、盛碗

02 將水煮滾後，放入牛後腿肉塊、番茄丁、馬鈴薯丁、紅蘿蔔丁、雞肝。

03 將鍋內食材燉煮 40 分鐘。

04 加入鈣，稍微拌勻。

05 盛碗，即可享用。

🐾 水、牛後腿肉、番茄、馬鈴薯、紅蘿蔔、雞肝。

🐾 燉煮。　🐾 鈣。

毛孩的鮮食小食堂

FURKID'S FRESH FOOD CANTEEN

我與毛孩的餐桌鮮食料理

書　　名	毛孩的鮮食小食堂 ：我與毛孩的餐桌鮮食料理	
作　　者	黃英哲，王谷瑋	
發 行 人	程顯灝	
總 企 劃	盧美娜	
主　　編	譽緻國際美學企業社・莊旻嬑	
美　　編	譽緻國際美學企業社・羅光宇	
封面設計	洪瑞伯	
藝文空間	三友藝文複合空間	
地　　址	106 台北市安和路 2 段 213 號 9 樓	
電　　話	（02）2377-1163	
發 行 部	侯莉莉	
出 版 者	四塊玉文創有限公司	
總 代 理	三友圖書有限公司	
地　　址	106 台北市安和路 2 段 213 號 4 樓	
電　　話	（02）2377-4155	
傳　　真	（02）2377-4355	
E - m a i l	service @sanyau.com.tw	
郵政劃撥	05844889 三友圖書有限公司	
總 經 銷	大和書報圖書股份有限公司	
地　　址	新北市新莊區五工五路 2 號	
電　　話	（02）8990-2588	
傳　　真	（02）2299-7900	

初版　2021 年 03 月

定價　新臺幣 398 元

ＩＳＢＮ　978-986-5510-53-4（平裝）

國家圖書館出版品預行編目（CIP）資料

毛孩的鮮食小食堂:我與毛孩的餐桌鮮食料理 / 黃
英哲, 王谷瑋作. -- 初版. -- 臺北市：四塊玉文創有
限公司, 2021.03
　　面；　公分
　　ISBN 978-986-5510-53-4(平裝)

1.貓 2.寵物飼養 3.食譜

437.364　　　　　　　　　　　　110000452

三友官網

三友 Line@